U0618535

高情商孩子的社交课

social contact

耶雅亿◎著

中国華僑出版社
·北京·

图书在版编目(CIP)数据

高情商孩子的社交课 / 耶雅亿著 .— 北京：中国华侨出版社，2020.7
ISBN 978-7-5113-8093-7

Ⅰ．①高… Ⅱ．①耶… Ⅲ．①情商－儿童读物 Ⅳ．①B842.6-49

中国版本图书馆 CIP 数据核字（2019）第 283325 号

高情商孩子的社交课

著　　者：耶雅亿
责任编辑：黄　威
装帧设计：平　平 @pingmiu
文字编辑：张　丽
经　　销：新华书店
开　　本：710mm × 1000mm　1/16　印张：15　字数：160 千字
印　　刷：天津旭非印刷有限公司
版　　次：2020 年 7 月第 1 版　　2022 年 3 月第 2 次印刷
书　　号：ISBN 978-7-5113-8093-7
定　　价：42.80 元

中国华侨出版社　北京市朝阳区西坝河东里 77 号楼底商 5 号　邮编：100028
发 行 部：（010）57484249　　传真：（010）57484249
网　　址：www.oveaschin.com　　E-mail：oveaschin@sina.com

自序

Preface

一天，9岁的儿子小撒突然问我："如果我和某某同学打架，被学校开除，你们会怎么办？"

我想到多年前看过的一本书。知名育儿畅销书《六A的力量》的作者麦道卫博士曾陷入了一场心理危机。一次，刚满18岁的女儿"通知"他说："老爸，我怀孕了。"突然听到这个消息，他脑海中浮现出的念头竟然是："给她一个耳光，把她赶出家门？""找到那个混蛋，和他拼命？""拿条绳子，把自己勒死？"……

当他脑子里浮现出无数恐怖的场景时，女儿正一本正经地看着他。这位父亲最终平复自己的情绪，对女儿说："这件事你错了，但你还是我的女儿。我准备请个长假，或者把工作辞掉，先陪你面对一切！"

女儿感动得哭了。她提出这个问题是因为她的一位同学早孕，结果被父母逐出了家门。她只是想试探一下，看看自己的父亲会如何处理这件事。结果父亲的回答给了她无限的力量，教会她什么是自尊与自爱。

孩子在其成长的过程中会不断试探父母对自己的爱，这爱是有条件的，还是无条件的？如果我表现得不好呢？如果我考试失败呢？如果我让父母丢脸或是被学校开除呢……父母是否还会无条件地爱我？

我认为，这其实是每个孩子内心的宝藏——它将源源不断地为孩子提供安全感与自信力。倘若家长失去耐心，在打骂与贬损中将孩子的尊严伤得体无完肤，那么孩子的自卑感将与之如影随形，即使学习再多的社交技巧也处理不好人际关系。

这些年，当我和那些早恋、小团体、暴力倾向、人际关系有障碍的孩子们聊天时，许多孩子没讲几句就哭了……其实，这些孩子都是在父母身上没有得到足够的爱。

父母当然是爱自己的孩子的，但是结果往往适得其反。亲子关系的疏离与原生家庭的伤害迫使孩子们去别处寻找温情或释放怒气。

同样，很多优秀的成年人可以获得成功、可以掌握社交技巧，却无法经营好身边的亲密关系。当我与他们进行深度沟通时，发现其根源无不指向他们的童年。

所以说，社交技巧可以靠后天修炼，但是社交能力与原生家庭息息相关。如果对儿童进行的社交训练是一服中药的话，“药引子”就是父母对孩子无条件的接纳、支持和关爱。很多家长们不知道该怎么做，但是有一条基本原则，那就是管理好自己的情绪，以温柔坚定的态度向孩子表达——“无论什么问题，我会跟你一起面对”。

儿童社交技巧跟学习钢琴、绘画一样，是可以后天训练的。然而，孩子内心深处的安全感与自信心，只有在与父母的相处中耳濡目染的获得。前者是“习得的技能”，后者是“亲密的关系”；前者是可以通过本书的阅读与实践“教会孩子”，后者则是要父母先更新自己的教育理念，从而自然而然地生发出来。当然，后者更难，且是每位父母一生的功课！

回到前文，当我面对儿子小撒所提出的问题时，先与他产生共情，再抛给他问题：“这个同学一定可恶极了，来，跟妈妈说说，妈妈帮你写下来。”儿子一边讲，我一边认真记录同学的“罪行”。我一条条地列举，还让儿子核实有没有漏掉什么细节。然后，我让他以法官的身份来“宣判”。他的负面情绪逐渐得到疏导，内心也恢复了平静，并尝试用我教他的社交技巧去面对这位同学。

所以，我希望每位父母都能深刻理解“授之以鱼，不如授之以渔”这句话的含义。在孩子走向社会的过程中，我们应该是教练员，是导师，是陪伴者，更应该是他们的精神港湾。

教孩子从小识人有术，远离性格偏激的朋友，懂得自我保护，这些都是未雨绸缪的家教智慧。

如果你的孩子已经到了青春期，如同“箭猪”一般——看似沉默，其实很容易竖起满身的刺。又或者，他们遇事爱走极端，与父母的关系处于剑拔弩张的状态……那么，最根本的原因还是他们没有得到足够的接纳、支持和关爱。

你可以用本书谈到的社交技巧和沟通理念与孩子更富于温情地相处，并将阅读这本书当作自己提升社交能力的有益补充。

第一课

“妈妈，我想跟小朋友一起玩”

——帮孩子融入社交圈

第二课

“我不开心，我不想跟他们一起玩”

——读懂孩子的交际需求与信号

第三课

“我最讨厌弟弟了，他总是给我捣乱”

——化解兄弟姐妹间的忌妒与纷争

第四课

“妈妈，为什么他（她）不喜欢我抱”

——如何利用“爱的语言”与各类孩子相处

第五课

“爸爸，这个叔叔怪怪的”

——教孩子识别并远离障碍型人格的“朋友”

第六课

“我不想上学，他们欺负我”

——如何应对孩子之间恶意的排挤行为

第七课

“别管我，我就喜欢在家待着”

——特殊孩子人际交往能力的培养

第八课

“你不听我的，我就不和你玩儿了”

——如何培养孩子的格局和领导力

第九课

父母要为孩子建一道隐形的保护墙

第一课

“妈妈，我想跟小朋友一起玩”

——帮孩子融入社交圈

纽约大学的物理学博士汪小武培养出了两个在哈佛大学读书的女儿。谈到家教秘诀，汪博士认为，培养孩子的情商是“重中之重”。

有一天，小女儿的班上有个同学生病了。女儿很同情这个同学，但又不知道该怎么做。汪小武就问女儿：“如果生病了，你最担心什么？”女儿想了想说：“担心完不成作业。”当天晚上，汪小武就带着女儿去了这位同学的家，将老师布置的作业告诉了他，并帮助他完成了作业。

通过这件小事，小女儿学会了认识自己的情绪（同情），感受和理解他人的情绪（体会同学的需要），激励自己的行为（主动探访同学），并与他人友好相处。如今，汪小武的小女儿在哈佛大学就读政治管理专业，她是同学们眼中公认的“领头羊”，具有很强的领导力和亲和力。

情商，是情绪商数的简称，代表着一个人的情绪智力。简单地说，是一个人自我情绪管理以及管理他人情绪的能力指数。随着社会的发展，越来越多的父母意识到了培养孩子情商的重要性。本书就是一本写给中国父母的情商养育之书，旨在让孩子认识并管理好自己的情商，让他们成为更好的自己。

高情商的孩子都是训练出来的

进入职场后，我发现，当年学校里的“尖子生”现在很多都碌碌无为，甚至有些最高奖学金的获得者还一度患了抑郁症。相反，那些在职场上出类拔萃的同学，虽然在学校时的成绩并不拔尖，但是他们都有一个共性——情商高。

于是，我更加坚信这个说法：“成功 = 20% 智商 + 80% 情商”。在对儿子小撒的养育中，我特别重视情感表达、人际交往能力、独立性、社会适应能力、自我控制能力和责任感的培养。

小撒还是个幼儿的时候，每当他乱发脾气时，我就会“表演”深呼吸给他看。伴随着呼气和吸气，我会缓缓地说：“坏脾气出去，好心情进来。”这招很管用，虽然小撒不一定能理解字面上的意思，但他很快就能模仿我做深呼吸的动作。

小撒上幼儿园后，我和他一起做了一个五彩的大纸盒——“情绪魔盒”。我画了很多不同表情的儿童，问小撒：“Tom为什么哭呢？”小撒就会假想一个情景：“因为小朋友打他了。”然后，我就会告诉小撒合理表达这种情绪的办法。比如，如果你很生气，你可以跺跺脚，说出你的感受，在画纸上涂鸦，或者是去没有人的房间大喊几声。

一般来说，只要小撒按我建议的方式管理自己的负面情绪，我都不会压抑他或给他贴标签。当他的情绪有所缓和后，我就会引导他说："现在我感觉好多了。"之后，我们再一起讨论接下来该怎么做，比如和老师沟通、道歉，等等。

后来，小撒的词汇渐渐丰富起来，他能用更多的词汇，而非动作来表达自己的情绪。因为我从来不给他的情绪贴标签，也从不压抑他的情绪，所以他也懂得理解别人的情绪。当幼儿园新来的小朋友（小撒所在的幼儿园是"混龄制"的）因为想妈妈而哭泣时，很多大孩子会说："不许哭、不许想妈妈。"小撒却能主动给他们擦眼泪，拥抱他们，或者是递给他们一个玩具，并安慰说："你想妈妈的时候，就抱着它吧。"为此，他还经常受到老师的表扬。

小撒上大班以后，我开始教他"累积"自己的正面情绪。例如，我们会把那些开心的事、受表扬的事、成功的喜悦、惊喜的时刻都用小纸片写下来或者画下来。等到小撒不开心的时候，我就打开"魔盒"，帮助他重温那些情景，用正面的情绪抵消沮丧、难过等负面情绪。

一天，小撒从学校回来。他的头发里全是铅笔屑，脸上也被铅粉弄得黑乎乎的。原来，三个小男生一起合伙捉弄他，两个男生按住他，另一个男生把削笔刀的笔屑和铅粉倒在他的头上。虽然老师严厉地批评了那三个男生，但小撒还是觉得自己受到了欺凌与伤害，毕竟，他只有8岁。

那天，做完功课，我让小撒把自己内心的感受画在一张纸上。他画了魔鬼、枪支、奥特曼等暴力场面……我看到这幅画，没有做什么评价，而是把它塞进了“情绪魔盒”中。

我说：“小撒，假设现在有两个小朋友都遇到了你今天的经历，一个用恰当的方法去面对，另一个用自己最想用的方法去面对。我们来想象一下，会发生什么事情？”

在我的引导下，小撒说出了自己内心最想用的方法——把欺负他的人打一顿。然后，我引导他想象这种方法会在他的内心产生哪些不良的情绪，以及这种方法会带给别人怎样的影响。

小撒说：“我只是说说发泄一下，说出来我就不那么想了。”

然后，我们又“情景再现”地想象恰当的应对方法。

“不仅仅是向老师告状，你还要自我反思一下：为什么这三个男孩会讨厌你，你是不是得罪了他们，或是他们看你有不顺眼的地方？也许你和他们好好沟通一下，彼此宽容，说不准还会结交三个铁杆朋友呢。”小撒点点头，他把“魔盒”中的小纸片倒在床上，一张张打开欣赏。

“妈妈，你看这是我们去海边的时候，真开心。”“这个是我得到变形金刚BOTCON礼盒的时候，我都笑得合不拢嘴了……”

看到小撒自己用“魔盒”来调整情绪，我感到很欣慰——他已经认识到，比起生活中偶尔会遇到的“阴霾”，自己的情绪如阳光般灿烂才是最重要的。

小撒平时很喜欢玩网络游戏，看动漫，我偶尔也会参与。玩得多了，觉得游戏中“逆袭”这一概念能带给家长很多启发。

逆袭，即NPC（不受玩家控制的角色）向玩家聚集的城市或基地等发动的进攻。这类进攻通常以丰厚的奖励吸引玩家参与到防御行动中。在网络游戏中，“成功逆袭”代表着一种自强不息、以弱胜强、充满正能量的精神。

我将“逆袭”的概念引入对小撒的情商教育中，提出了“逆境商”的概念。

所谓“逆境商”，是指孩子面对逆境时所产生的反应能力。为此，我经常对小撒说：“挫折和困难就像NPC一样，虽然不在你的控制范围之内。但是，你可以守护自己的心情，调整自己的情绪，从而实现逆袭。这样，你就可以得到更多的奖励，感受到勇士获得胜利的快乐！”

从幼儿时期的“情绪魔盒”，到小学时期的“逆境商”，父母不妨把情商培养和生动活泼的实际生活结合起来，孩子觉得好玩，尝到甜头了，才能事半功倍。

共赢思维，让孩子学会快乐分享

很多父母都知道让孩子学会“分享”的意义。然而，有些父母不懂得分享背后的“共赢思维”，以致不少孩子的分享行为仍受“利己思维”的支配。

我来举几个例子：有的孩子只将自己的东西分给要好的同伴，对关系一般的孩子则非常吝啬；有的孩子却总是将自己的零食、玩具随随便便地分给其他同学；有的孩子在分享时会有附加条件；还有的孩子是迫于父母的“威逼利诱”而分享自己的东西。

从以上例子来看，这些父母都忽略了培养孩子的主动性。

恰当的做法，是先培养孩子的“共赢思维”，然后用分享的行动去强化这种思维。“思维”虽然看不见、摸不着，但会影响孩子的一生。那么，如何培养这种“共赢思维”呢？

我先分享自己接触的一个案例。

某绘本馆定期请我给小朋友讲故事。在一堂绘本课上，我问孩子们：“如果你是后妈，你会不会阻止灰姑娘参加王子的舞会？大家要诚实地回答啊！”几个孩子回答说：“会，因为我爱自己的女儿，希望她们能当上王后。”

我引导孩子们说：“所以，灰姑娘的后妈只是对别人不够好，对她自己的孩子却很好。她不是坏人，只是她还不能像爱自己的孩子一样去爱其他的孩子。”

我还告诉孩子们，“后妈和姐姐们之所以痛苦，是因为她们相信世界上只有一位王子。但是，我告诉你们：世界上有很多像王子一样优秀的男孩子。如果王子没有选择你，你也可以很幸福，甚至比灰姑娘更幸福……”

孩子们恍然大悟：“哇！要是后妈和姐姐们明白这个道理，她们一定会真诚地祝福灰姑娘，而且她们也不会经历身体上的伤痛了。”

在课后的互动环节，很多旁听的家长主动跟我沟通。大家都非常感慨以往对培养孩子的“共赢思维”的缺失。

活动后，一位名叫湘湘的小女孩给我分享了她带来的零食，她的妈妈则跟我聊起自己是如何教女儿学会分享的。

这位妈妈说：

> 当湘湘紧紧抱着糖果，不愿意分享的时候，我会告诉她：“分享出去，你就会得到更多。”她尝试去做的话，我会给她加倍的奖励。如此告诉她多次，湘湘就能意识到“糖果倍增”的定律。有时候，她

主动分享，人家也会“报之以李”。收到意想不到的礼物，此后湘湘就更愿意分享了。

湘湘上幼儿园后，班里唯一一个比较新的凳子，成了大家午睡后快速起床的动力。我也鼓励湘湘快一点儿穿衣服，争取抢到新板凳。但是，我会问：“没抢到板凳的时候，你会不会对抢到的同学心有不满？”当她表达自己的忌妒和怨气时，我会引导她用换位思考的方式疏解情绪——“××小朋友从前抢位子也失败过，有着跟你同样的感受。假如哪天你抢到了新板凳，你是希望别人为你高兴，还是因此讨厌你呢？”

我的婆婆质疑我：“资源是有限的，你不教孩子利己，将来会吃亏的。”但是，我和孩子的爸爸都相信，未来的社会是“团队作战”的时代，孩子拥有宽广心胸和合作精神要比只顾眼前的蝇头小利重要得多。

在幼儿园，湘湘常会听到小朋友说“××是我的好朋友，我要把芭比娃娃给她玩”“你不是我的好朋友，我不给你玩”之类的话。小孩子之间因为亲疏关系，常常在分享这件事上表现出不公平。遇到这种情况，我事后会和湘湘讨论：假如你带去的东西你只给自己的好朋友，别人想要怎么办？虽然他不是你的好朋友，但是他被拒绝的时候，是不是会很难过？

我会帮助湘湘通过情感的换位，体会别人的心情，并学会站在他人的角度思考问题，从而慢慢地帮她建立起“平等分享”的规则。

看动画片和读绘本时，我常常引导湘湘抛开“好与坏”的模式思考问题。比如，看动画片《喜羊羊与灰太狼》时，我问湘湘：“灰太狼一家总是饿肚子，也不开心。你能不能想一个对大家都有帮助的解决办法？比如，发明羊肉味道的豆腐？”

再比如，湘湘的爷爷爱看抗日剧，我就告诉她：“是战争让这些鬼子变成了坏人。在和平年代，他们或许是很爱家人、很有爱心的好人。所以，无论何时，在不伤害自己的前提下，都不要伤害生命。”

我觉得湘湘妈妈做得非常好。每个孩子都有与生俱来的独占意识和利己思维。所以，父母首先要理解孩子对某些玩具的感情。湘湘妈妈在小朋友到来之前，主动询问孩子“哪些玩具你不想分享”的做法，既维护了孩子在小朋友心目中慷慨的形象，又避免了孩子们之间抢玩具的尴尬。

其次，父母要以身作则。一些父母常常要求孩子“不自私”“大方一点儿”“考虑别人”，自己为人处世时却常常斤斤计较，这样的家庭教育，只会让孩子变成一个“装大方”的人。

父母需要给孩子树立良好的榜样，更需要多在细节上引导孩子。比如，很多家长接孩子时常常会问：“今天过得怎么样？”其实，可以试试换种问法：“今天，某某同学感冒好了吗？他有没有来……”

再次，家长要耐心地鼓励孩子，让孩子感受到他和小朋友之间存在着共同的幸福点。如果他总能想到别人，也会给自己带来幸福感；如果他凡事只顾着自己，甚至给别人带去痛苦，他自己也只会更加难受。

我不建议父母将孩子的行为与描述人格的形容词（比如“好”“坏”）联系起来。比如有的父母会对孩子说：“你要懂得分享，这样才是一个好孩子。”这样说只会带给孩子“如果我不分享，我就不是好孩子”的压力。

其实，父母可以帮助孩子发现生活中美好的细节，比如，“你看他得到你的分享后，笑得多开心！”这样，孩子就能体会到“我给别人带来了快乐，分享给大家带来了快乐”的幸福感。

对于一些特别霸道、自我的孩子，父母在设立规矩的同时，可充分使用游戏的方法帮助孩子增强共情力。父母可以扮演“被狼欺负的羊”“倒地无人扶的狐狸爷爷”“没人喜欢的秃头娃娃”等弱者角色，让孩子感受到别人的需要，唤起其同情弱势群体的情绪体验，从而促进孩子的社会心理发展。

随着当今很多家庭的物质生活越来越富足，父母对孩子的鼓励不仅限于分享糖果和玩具，还要学会分享胜利、分享快乐。比如，父母可以鼓励孩子参加球赛、爬山、竞赛等活动，这对培养孩子的集体荣誉感大有裨益。

父母可以跟孩子聊一些这样的话题：“你最想帮助谁赢（成功）？你可以在哪些方面帮助他？”父母要教孩子关心赢的过程，而不只是结果。让孩子意识到，自己帮助别人获得成功，彼此的友谊才会更深厚、更令人愉悦。

用自信和幽默，培养孩子开放的心态和阳光的性格

常有人问：“你最喜欢什么样的孩子？”我用十个字总结——开放的心态，阳光的性格。

如今，有太多被长辈过度保护的独生子女，他们中有不少胸怀狭隘、斤斤计较。因此，培养孩子具有开放的心态、阳光的性格，是当前家庭教育尤为重要的一个内容。我建议家长们从以下方面着手培养。

首先，教孩子关心别人的需要，顾及别人的感受。幼儿往往会从父母的关注点中明白什么事情是重要的。父母常表达对别人、对公益、对社会的关切，孩子就会自然而然地不再事事以自我为中心。因此，父母可针对孩子的日常生活问一些具体的问题。比如：“午饭时，谁坐在你的对面？”“今天谁生病了？”

再比如，客人到来之前，父母可以和孩子讨论：“该跟来做客的小朋友聊些什么？”“怎么做才能让客人感到自己很重要？”

其次，父母要鼓励孩子多思考、少嘲笑。我认识一位有智慧的家长，

他跟孩子聊天时故意保留自己的意见，甚至从相反的角度抛出看法，引导孩子从多个层面重新审视自己的观点。比如，女儿要在冬天穿公主裙，他就穿着短裤背心假装去上班，他还问女儿："我今天可以吃冰激凌吗？"女儿反过来思考爸爸的问题，就意识到"如果爸爸不能这样穿去上班，我也就不能穿公主裙去上学"。

孩子上了幼儿园中班后，很容易"跟风嘲笑"，说有些小朋友打扮很"潮"，或者很"土"。此时，父母要告诉孩子："你没必要模仿他人，但是你要尊重他人。随便论断和嘲笑别人是不礼貌的。"

再次，父母要培养孩子的幽默感，鼓励孩子为融入集体而接受挑战。有一个小班的男孩，在搭积木屡屡失败时还能保持微笑，自我鼓励。他的父亲说："每次当我犯错时，我就大笑几声，让孩子看到错误是人生的一部分，没什么大不了。"在这种家庭教育的影响下，男孩也敢于自我解嘲，时刻保持乐观的心态。

最后，父母教会孩子应对挫折，是保持开放心态的关键。从教十余年来，我屡屡见到敏感的家长投诉自己孩子的同学或老师。虽说幼儿园管理者会秉公处理，然而，很多父母却把孩子教育成了"温室的花朵"，成了"说不得、碰不得、只能自己跟自己玩"的重点保护对象！

一个矮小的5岁男孩曾被班上比他高一头的同学嘲笑为"小矮人"。男孩却仰起头、坚定地说："随便你怎么说，反正我不是！"当我让嘲笑他的孩子给男孩道歉之后，男孩反倒和那个嘲笑他的同学和好了。

我了解到，这个男孩因为个子矮小，屡屡遭受他人的嘲笑。然而，他应对的话语、口气、态度，甚至是眼神一看就是爸爸妈妈教过的。比起等孩子受伤后再“伸冤”，这样的家教可以说是未雨绸缪！

让孩子学会接纳和自己性格不同的人

美国当代作家、哲学家福尔格姆在《那些人生中最重要的道理，我在幼儿园里都学过了》一书中写道：

> 我一生的处世之道和生活准则都是在幼儿园里学会的。智慧并非来自巍巍的学术殿堂，而是来自幼儿园的沙坑里。幼儿园教会我“与人分享一切”“做事公平”“弄伤别人要赔礼道歉”“饭前洗手”“每天都有时间学习、思考、绘画、唱歌、跳舞、玩耍及劳动”“观察并留意奇特现象”……

这本书让我笃信：幼儿最重要的事情不是学知识。所以，当大家对“兴趣班”“潜力营”“特长培训”趋之若鹜时，我却陪着儿子在沙坑里玩耍，饶有兴致地看他和小伙伴们一起玩耍。

玩耍，是培养孩子社会化能力的最好途径。在陪孩子玩的过程中，让孩子感受到他是被接纳的。这样，当他遇到与自己性格不同的小伙伴时，

也能做到接纳别人。

我喜欢和儿子带着沙滩车和工具在小区沙坑中堆“城堡”。在这个游戏中，他学会了“与人分享工具”“不破坏别人的劳动成果”“给人鼓掌”等与人相处的道理。

上幼儿园之后，老师引导小朋友们要合作。我随之鼓励他“组成团队”。在儿子不情愿时，我就鼓励他关注别人的成功。当他愿意尝试了，我就奖励他。上中班时，儿子已经喜欢与人合作了。每天放学后，总有一群小朋友在沙坑边聚集。他们会为“谁做工程师”“谁做孩子头”等问题争吵不休。家长们就建议他们使用幼儿园“轮流做班长”的方式，学习“公平”的处事原则。

为此，我和丈夫一起为家庭制定了六种核心价值。我也将这些理念应用在“玩沙子”等儿童游戏上：

诚实：孩子要坦诚地告诉大人所有的事。在游戏中，不能骗人，不能说谎。

积极：遇到困难，选择积极面对。即使不喜欢某个孩子堆城堡的方式，你也要积极配合团队。

服务他人：尽力帮助有需要的人。当小朋友借玩具时，要慷慨。

责任感：明白自己的责任，并且主动履行。“城堡工程”没有完成时，不能随便放弃。答应小朋友的事情就要做到，不能说大话。

感恩：对微小的帮助和任何礼物都要心存感激。“城堡”竣工时，向每个参与的小朋友表示感谢。

顺服：即使不喜欢，也要听从长辈的安排，并遵守规则；即使正在兴头上，该吃饭的时候也要乖乖回家。

有段时间，一位七八岁的“霸道哥”常在沙坑捣乱，随意踢坏别人的城堡，并且嘲笑别人。有的家长会制止他，我建议让孩子们学习处理自己的问题，家长以“智囊团”而非“主导者”的角色介入这件事情。

我有一个每天对儿子说祝福话的习惯。每当我们在幼儿园门口分别时，我都会说：“祝福你今天平安快乐！”儿子在潜移默化中知道自己是被爱、被接纳的，他自诩说：“我是妈妈的小宝贝！”

我也会告诉他小区里的那位“霸道哥”，他也是父母的“杰作”。虽然他有缺点，但是小朋友们可以跟他成为朋友。“霸道哥”之所以欺负人，是希望得到他人的关注；只要你们团结起来不理睬他，他肯定会乖乖“投降”。

刚好，幼儿园组织小朋友们观看《三只小猪》儿童剧——猪妈妈教小猪们团结的道理给了儿子启发。儿子意识到：必须将“小猪们”团结起来，才能制服这个“霸道哥”。

这一次，儿子小撒的领导能力也显露出来。他说服沙坑游戏中所有的孩子和围观的父母，每当“霸道哥”出现，大家就一起撤退，不理睬他。“霸道哥”踢毁城堡，得不到关注后，就无趣地走开了。一连几天，“霸道哥”果真不再搞破坏了。孩子们狂喜无比，我“趁热打铁”地启发儿子：“‘霸道哥’一定很孤独。如果你愿意邀请他一起玩，让他承诺遵守规则，他一定会成为你们的朋友。”

在我的鼓励下，儿子邀请“霸道哥”一起玩。孩子们为这个团队设立了“纪律班长”“工程师”“运输工人”“保安”等角色，并且讨论和制定“岗位职责”和游戏规则。当有人违反时，其余人就孤立他（她），直到他（她）道歉为止。当沙坑里有人哭泣，孩子们就停止玩耍，公平解决问题……

一段时间后，那个昔日的“霸道哥”也学会了为大家解决纠纷，成了受人尊重的“孩子王”。我们这些父母也和他的家长成了朋友。

聊天时，“霸道哥”的妈妈说：“没想到，他竟学会了遵守规则，还成了小领导！”我告诉她，每个孩子都有与生俱来的社会化能力。在游戏中模拟社会情景，让孩子用对的方式实现“领导欲”时，他就不会用搞破坏“求关注”了。

学会坚守底线和个性

“孩子在同龄人的圈子是否会分享”，是家长们非常关心的一个话题。孩子能被接纳、受欢迎，具有团结并影响小伙伴的领导力，除了慷慨大气、乐于分享之外，孩子的自我形象与交际技巧发挥着重要的作用。

5岁的涛涛有一对大大的招风耳，他长得较胖，运动能力差，幼儿园里的不少小朋友都嘲笑他。父母告诉他：“要得到小朋友的喜欢，就要懂得分享，要把你喜欢的东西分享给别人；要会来事儿，说让别人爱听的话！”

然而，这种教导并没有让涛涛感到快乐。他非常心疼地分享自己的零食，虽然应付差事般地赞美别人，小朋友们却不怎么跟他玩，认为他的分享和赞美是“装出来”的……渐渐地，涛涛成了一个敏感、爱哭、动不动就告状的孩子。如果别人用异样眼光看他一眼，或者随便说一句无关紧要的话，他就觉得人家在说他的坏话。因此，常常是一脸沮丧。

生活中，很多父母都非常注重培养孩子的社交力，经常跟孩子讲小朋友之间要“分享零食”“一起玩”“送礼物”“说赞美的话”这些道理。但是，这些父母不知道，这些行动的背后有“减法式”和“加法式”两种思维模式。涛涛的经历，就是一个“减法式分享”的例子。

“减法式分享”，建立在“礼尚往来”“想更受欢迎”“如果不这样，别人会不喜欢”等思维模式的基础上。父母传递给孩子的是一种单向付出，一种出于礼貌不得不做的责任感。孩子受这种教育的影响，就会像涛涛一样在社交中越来越拘束，或是很容易过早地成人化。

相反，“加法式分享”则建立在更广博、更温情的“多赢思维”之上。“加法式分享”，分享的不仅是物质，更多的是分享对别人的欣赏、分享赞美鼓励的话语、分享好心情、分享新学会的知识与有趣的事情等。

让我们来看一个积极的例子：

小宝的爸爸在单位是一位管理者，颇具同理心的他在倾听别人讲话时，习惯性地看着对方的眼睛，不断回应点头说：“是这样啊。”

爸爸告诉小宝：“我们要跟别人分享‘同理心’。什么是同理心呢？就是让别人感觉到你喜欢他（她），你会认真听他（她）说话。”

小宝受爸爸影响，跟人沟通时也会认真地听，不断回应说：“这样啊。”这招让他很受欢迎。很多独生子女是“表演控”和“小话痨”，喜欢会聆听的朋友。即使面对孤僻寡言的孩子，小宝也能让对方感受到被关注、被理解。

这让小宝更受大家的欢迎，因此，他也更愿意与别人分享。

可见，在“加法式分享”中，给予和接受的双方没有回报的压力，这反而会增强彼此之间的信任感，建立亲密的情感联系。而且，这种分享能够帮助孩子建立被接纳、受欢迎、具备团结并影响小伙伴的领导力。

很多父母要孩子“分享”时，经常不顾及孩子的感受，只顾自己的面子。事实上，孩子就算因为屈服于大人而分享，内心也会受到伤害。其在今后的社交中容易不自信，常常委屈自己而讨好别人，也不会受到同龄人的尊重与喜爱。

要知道，孩子的世界跟成人一样，懂得坚持自己、相信自己，不因“害怕谁”或“讨好谁”而压抑、委屈自己的孩子，懂得坚守应有的底线和个性，才能拥有良好的人际关系。

小马性格温柔，有点内向。为了不让他成为“受气包”和“老好人”，父母在教他待人接物时，经常鼓励他坚持自己、相信自己，不迎合或刻意讨好任何老师和小伙伴。

父母告诉他：“如果你舍不得，不愿意分享，那我们尊重你。如果你想分享，就要快快乐乐地分享，而不是为了讨好小朋友才那么做。”

遇到矛盾时，父母会说：“虽然模型很难，但爸爸妈妈相信你能搭好”“没关系，爸爸妈妈相信某某还会成为你的好朋友”“爸爸妈妈觉得这件事是你错了，你要道歉”……小马既能彬彬有礼地提出自己的要求，表达同理心，也懂得坚守自己的底线和个性——这正是高情商孩子的标志。

小马的父母对孩子社交力的培养，是一种典型的“加法式分享”。“教孩子与小伙伴相处”与“教孩子成为他（她）自己”并不冲突。与同龄人交往，应是孩子与他人的界限与需求互动的过程。父母应该悄悄观察、暗暗思索，潜移默化地影响孩子，切不可越俎代庖或过度保护，平白让孩子失去成长的机会。

有一位家长为女儿的“小气”“自私”而寻求老师的帮助。

老师建议他先撕去成人世界的社交标签，还给孩子“可以分享，也可以不分享”的自由。即使女儿不愿意分享，也要理解并且鼓励她，告诉她与人相处时“可以空着手，但不能空着心”。

为此，老师建议：当别人向他的女儿表示慷慨和赞美时，引导她重视对方的快乐，而不是行为。同时，建议家长带着她多留意身边人“细微的需要”。

比如，邻居家的地板松动了，让女儿送去一管自家用的胶水；朋友要出行，让女儿送一顶帽子；旅游回来，给小邻居带个小礼物；进电梯时跟保洁阿姨聊几句……这些留心去做的小事不用女儿分享自己最心爱的“玩具、零食、手工绘画作品”，所以她很愿意做。

而做着做着，孩子的内心就会变得宽厚而温润，也自然愿意与小朋友分享，从而更受大家的欢迎。

这种建立在共赢思维基础上的“加法式社交教育”，无疑十分有助于潜移默化地教孩子坚持自我，并且自然主动地观察周围人的需求，关注他人的言行喜好，学会发现美、表达爱。同时，在体验共赢快乐的过程中，也更能挖掘孩子的潜能，发挥创造力，培养其反观内省的感受力和良好的共情力。

第二课

“我不开心，我不想跟他们一起玩”

——读懂孩子的交际需求与信号

孩子受欢迎的程度取决于他们的个人心理品质和社交技巧。据统计，人际关系极好的受欢迎儿童在集体中占13.33%，人际关系极差的受排斥儿童占14.33%，受忽略的儿童占19.41%，一般型的儿童占52.94%。

有些父母认为，人际交往能力差的孩子上了幼儿园之后就会自然而然地好起来。这其实是一个误区。实际上，幼儿园也是一个“适者生存”的环境，孩子们的喜恶皆形于色，不太会体谅他人。所以，人际交往能力差的孩子往往因交不到朋友而逐渐变得自卑，表现为沉默寡言或富有攻击性。所以，提高孩子的社交能力是父母义不容辞的责任。

面对焦虑，用三个关键词来破解

大多数孩子在入园前后都会有焦虑的现象，不少妈妈也会跟着孩子焦虑起来。与其整天琢磨“孩子是否受欢迎”“他会不会被人欺负”之类的问题，还不如用“责任界限”“贡献思维”“双赢与多赢”三个关键词来帮助孩子度过这段焦虑期。

我们可以通过以下几个小游戏来训练和帮助孩子。

第一个训练是“这是别人的东西”。当孩子乱抓父母眼镜的时候，父母可将眼镜放在孩子触手可及的地方。他去抓眼镜时，就平静地说：“这是爸爸（或妈妈）的眼镜，不行。”孩子继续抓眼镜，父母就轻轻打一下他的手，让他有点痛感但不至于哭。这时，他开始缩回小手，琢磨手痛和眼镜之间的关系。反复几次之后，他会放弃抓眼镜，也理解了“这是别人的东西”这句话。

随着孩子的长大，父母可以在家里设置一个“禁区”，当孩子拿“禁区”中的东西时必须得到父母的允许。慢慢地，孩子就会知道什么是“责任界限”，能够分清楚自己的与别人的东西——顺服规则，尊重别人，是社交训练的第一步。

3 ~ 5岁幼儿的人际交往是从食物的交换开始，进而到物的交换，接着出现相同的兴趣爱好，最后产生友谊。父母可以按照这个顺序，先鼓励孩子与别人分享零食，再鼓励他用换玩具的方式来交朋友。

随着孩子的长大，父母可以刻意培养他和小伙伴发展相同的兴趣爱好，从玩伴变为学伴。到了5岁左右，孩子一般会拥有三四个友谊稳定的朋友。这时候，父母要经常鼓励他们体验朋友的情感、愿望和需要，在“过家家”等游戏中体验人与人之间关系的微妙变化。

第二个训练是“我可以为你做什么”。幼儿从1岁半起，父母可以刻意到另一个房间喊他。他不肯过来时，父母要告诉他：“大人喊你的时候，你要立刻过来。”进行这个训练时，父母需要付出很大的耐心，直到孩子听到你的呼唤立刻做出反应。

孩子再大一点儿，父母可以训练他说“我可以为你做什么？”这句话重在培养孩子看重贡献、服务于人的思维模式。这样，当幼儿上幼儿园后，听到老师的指令时，他就不会感到被动和压迫；相反，会因为“自己能为老师、同学做点什么”而增加成就感。

一般来说，一个行为坚持21天以上便能养成习惯。而且孩子的接受能力很快，所以，父母要耐心地训练他——“大人说话时不要插嘴”“每天说句感恩的话”“为客人倒茶”“生气的时候也要好好说话”等，这样孩子便会养成好习惯，建立起对师长的顺从尊敬和服务精神。

第三个训练是“双赢与多赢思维。”孩子和其他小朋友发生冲突时，父母可以这样问：“有没有办法可以让你们两个都开心？”在他想不出两全之策的时候，父母帮助提出建议，让孩子知道，无论什么矛盾，总可以找到让大家都开心的办法，而不损害任何一方的权益。

家长们还要有意识地让孩子多思考，多感受，表达自己的想法。比如，孩子回家说：“今天小明哭了。”父母便可抓住机会问：“他为什么哭呢？”“他是不是很伤心呢？”当孩子回答后，父母可以追问：“你是怎么知道的？”“是真的知道还是猜到的？”父母还可以问：“你有没有安慰他？”

我们常说：优良的品格和习惯，是社交能力的基础。如果父母努力培养孩子的社交能力，那么就可以消除孩子的焦虑。**社交能力的培养应该与品格习惯的培养相辅相成。当孩子之间发生冲突时，父母要引导孩子换位思考，寻找双赢和多赢的解决方案，并且告诉孩子具备什么品格的人是受欢迎的。**

紧张源于孩子的无知与不确定

我曾经遇到一位特别焦虑的母亲，她焦虑的根源是孩子无法融入小朋友的圈子，而她也无法融入家长们的圈子。在一次咨询中，她跟我说：

上学期，5岁的女儿晓静随大人工作调动，转到成都的一家幼儿园。环境的变化，加之原本内向的性格，让她很难融入新的环境中。无论是小区同龄人，还是幼儿园小朋友都排斥她。我让老师帮她介绍几个朋友，也带她去新同事家做客，结识同龄的孩子。然而，晓静并没有改变。老师说她在幼儿园与人格格不入，不参加集体活动。来成都半年，我问她在幼儿园认识的新朋友的名字，晓静竟一个也说不出。由于没有朋友，晓静越来越沉迷电子游戏，喜欢看有关外星人的动画片。

她常说："我是外星人，你们是地球人。"这句玩笑话让我听得非常心酸。晓静从小被奶奶带大。奶奶性格孤僻，不重视社交。她鼓励晓静以"强势"的姿态"带领"小朋友们玩。碰壁时，奶奶就说：

“不玩了，咱们回家，奶奶陪你！”

我听完之后，问这位妈妈：“搬家之后，你有没有找到新朋友呢？你有没有自己的社交圈呢？”

她不得不承认，其实，自己是过度放大了女儿的问题，试图来掩饰自己的焦虑。我告诉她：你的女儿为什么这么紧张呢？是因为你在社交时不够自信！

后来，我们再次见面时，她惊喜地跟我诉说自己的改变：

> 说实话，学习“放手”好难。当我看到晓静被冷落的时候，特别想去帮忙“解围”。经过一番思考，我能够正确对待自己“插手”的冲动，并且偷偷观察那些受欢迎的孩子是什么样的，他们的父母是如何教育的。我发现，受欢迎的孩子总是善于合作、乐于助人、遇事不斤斤计较，而他们的父母都会对其“放手”，鼓励他们自己解决问题。

我建议这位妈妈每天晚饭后陪孩子在小区找同龄人玩，并留意她不受人欢迎的举动和自私的表现。比如，晓静喜欢打断别人说话，她总是不合时宜地提出要求，她总用命令式的口气告诉别人该怎么做……

针对这些问题，我建议她每次只邀请一个小朋友到家里玩。来之前，要跟晓静约定不能只顾自己，要主动向客人分享她的玩具。妈妈要限制客人上门时看电视、玩电子游戏的时间，从而保证晓静和小伙伴有更多的互动。晓静有霸道的表现时，妈妈就温柔而坚定地提醒她："宝贝，我们说好要分享玩具的，你忘了吗？""小主人不能凶客人，对吗？"……

这种"一对一"的交友练习，让晓静的心态开放了一些。晓静的妈妈也在我的鼓励下勇敢地结识新朋友，跟同一小区的一位全职妈妈经常一起买菜、烘焙。

晓静一直困惑："为什么我一出现，小区里原本玩得好好的小朋友们就一哄而散？"我告诉她："不是因为你不好，而是因为你加入他们的方式太生硬了。就像学习涂色一样，你需要掌握一些技巧。"

我教给她一些实用的方法，比如："在开口之前，先安静观察，倾听大家在聊些什么。""寻找一个微笑的面孔，对这张面孔报以微笑。""预先想好跟她们说的第一句话。""遵守游戏规则，找到最好的时机加入。"

然后，我们用"角色扮演的游戏"训练晓静。我和助手扮演小朋友，让晓静注视我们的眼睛，温和而清楚地说："我可以跟你们一起玩吗？"……然后，我们会做出"可以"和"不可以"的不同反应，并教晓静在遭到拒绝时要自信地说："没关系，我去找其他的小朋友一起玩。"

等晓静熟练掌握后，我们再假设出"游乐场""小朋友的家""幼儿园""生日聚会"等不同的情景，告诉她如何加入不同的小伙伴群体中。

有一次，一群孩子在小区里玩"抓人游戏"。晓静按照我们所教的观察了一会儿，当抓人的孩子靠近晓静时，她冲人家一笑，然后迅速跑开。抓人的孩子意会了晓静的想法，便追着她到处跑。玩得多了，晓静自然而然地就融入了群体游戏。这个成功的经历鼓励了晓静，她也能越来越多地参与到集体活动中。

当然，晓静还存在自私、霸道等缺点，难免会遭到别人的孤立。我鼓励晓静的妈妈平时教她"自我反思"："想一想，我有没有顺应大家的想法？我能不能把自己的节奏调慢些，好了解别人的想法？"

还有一次，晓静哭着跑回来跟爸爸妈妈说："我们玩到一半，小朋友就不跟我玩了，她们都散了。"经过观察，妈妈发现，问题在于晓静总喜好告诉别人新的游戏规则，把游戏演变为她喜欢的方式。而且，她不关心别人的期望，也不会变通。当有人对她的想法提出抗议时，她就会发脾气，导致伙伴们沮丧地离开。

针对这个问题，我建议晓静的妈妈跟她玩一种游戏，即"复述式倾听"。

游戏规则是：晓静在回答妈妈的问题之前，先将问题复述一遍。比如，妈妈问："今天你在幼儿园过得怎么样？"晓静回答："今天在幼儿园过得怎么样？不好，没有小朋友跟我玩。"……这样的训练可以让晓静从以自我为中心的思维模式中走出来，学习关注别人的想法和感受。妈妈再以小贴纸作为激励，每天训练10分钟，一段时间下来，晓静倾听的能力提高了，也不再表现得那么独断专行。她跟小朋友讲话时，常常情不自禁地复述人家的问题。这样的改变，让小伙伴更愿意和她一起玩。

不仅如此，晓静的妈妈还会陪她看《巴布工程师》这类强调团队合作的动画片，帮她分析如果遭到别人的拒绝和误会时该怎么办？她们还一起阅读《和朋友们一起想办法》等绘本，讨论实际生活中的问题。现在，晓静妈妈的焦虑越来越少，她正慢慢调整自己，说服自己相信：晓静经历的每一次争吵、矛盾、吃亏、被拒……这不仅是经验的积累，还是一笔宝贵的财富。

三种途径培养孩子的社会化能力

“培养孩子的社会化能力”是一项复杂的工程。我们可以从“三种途径”来谈这个问题。

“移情”。许多孩子融入集体的最大障碍是以自我为中心。“移情”可以帮助他们关心别人的感受，改善认知思维和同伴关系。

有一个很爱打人的小朋友，在扮演“被打的小羊”角色的过程中，体验到了受害者的委屈和痛苦。此后，他逐渐能抑制自己的攻击行为，做出互助、分享、谦让等积极行为。

对于喜欢唯我独尊的独生子女群体，父母与其整天反复地说“这不许做，那不能做……”还不如换个角度引导孩子认识“做了之后，带给别人的感受”，或者“在集体中，我的做法会带给别人什么样的情绪”“让别人不愉快之后，我也会随之不快”“换位思考，如果我是其他的小朋友”……这些做法的意义。

我们可以通过续编故事、扮演角色、角色互换等方式，让孩子在言语、行为、动作、表情等方面体验他人的心理感受，从而帮助他们在遇到类似情况时做出恰当的反应。

“观察和归因”。引导孩子进行观察，训练他正确归因的能力，这被证实是一种行之有效的办法。我曾见过一个特别不讲理的孩子，他总是推卸责任。老师就用手机拍下了他“发飙”的视频，请他做“观众”。仔细看完后，这个孩子承认，令他大发脾气的事情其实是他自己造成的，于是便向老师和同学道了歉。

后来，这个孩子的父母在家也会按照老师的方法去做。大家一起看视频时，父母常常暂停视频画面，然后问他：“你为什么要这么做呢？”当他做出正确归因时，便会得到父母的表扬；当他推卸责任时，父母就引导他学会观察和思考。这样的训练多了，逐渐改变了这个孩子的思维模式，激发出他内在的自控力，让他成长为有担当的小男子汉。

“榜样的力量”。父母要以身作则，要为孩子寻找真正的榜样。对于社会化能力较弱的孩子，父母可以让孩子模仿“互补型伙伴”的行为，在潜移默化中不断提升孩子的社会化能力。

孩子进入小学后，所有在幼儿园学过的知识都会从头再学一遍。然而，幼儿时期却是一个人社会化过程中最重要的时期。这就像是园中的两棵树：一棵是生命树，一棵是知识树。培养孩子社会化的能力，就是培养孩子的“生命树”。“生命树”长好了，“知识树”自然会欣欣向荣。不讲生命，只是一味地灌输知识，那么就成了无本之木，注定无法长久。

父母要明白，**家庭应成为幼儿园的“同盟军”，当孩子与老师的关系**

出现问题的时候，宜"立"不宜"破"，宜"和解"不宜"赌气"。父母要引导孩子看到事物美好的一面，培养他们阳光、积极的观念，教导他们用积极的方式与老师沟通。比如，理解老师的压力和努力；常常说感恩和欣赏老师的话语；与孩子不太喜欢的老师加强联系等。父母这样做，就是在润物无声地教孩子如何化解矛盾。当孩子学会"自省己身"，就能渐渐宽以待人。

可以说，道德的培养是家庭和幼儿园教育的共同核心。培养的手段则是父母和老师都以身作则，言行一致，培养孩子的同理心，教孩子和各种性格的人打交道，培养他们成为善解人意、人格完整、受人欢迎的人。

当心“自然缺失症”引发孩子的社交障碍

记得在一个暑假，在北京工作的姐姐将自己的双胞胎儿子（小尼和小米）寄养在我们家。她拜托我帮助孩子养成按时作息的习惯，远离手机、电脑，并且尽量帮他们克服社交障碍。

原来，这对双胞胎在学校里并不是很受欢迎，对集体活动也缺乏兴趣。老师给他们的年度评价中常常有“孤高冷傲，有社交障碍”这样的评语。

我跟老公精心准备了一系列活动，没想到结果却让人大吃一惊。首次驱车登山时，我4岁的女儿兴致勃勃地看着窗外美丽的景色，两兄弟却鸦雀无声，埋头在漫画书里。高山森林、蓝天白云、红花绿草、小鸟鸣叫……他们对外界的美景不为所动。

当我们做搭帐篷、拾枯树枝、生火烧烤这些极有乐趣的事情时，他们的屁股下面就像压着厚厚的防潮垫，挪都不挪一下。

第二次活动是欣赏海边的美景，本地的小孩都在快乐地游泳、抓螃蟹、垒沙丘，他们却坐在那里讨论电子游戏的装备，仿佛大自然对他们根本就不存在。这让我不由得想到著名作家三毛笔下的散文《塑料儿童》，她说：

“草丛里数不清的狗尾巴草在微风里摇晃着，偶尔还有一两只白色的蝴蝶飘然而过，我奔入草堆里去，本以为会有小娃娃们在身后跟来，哪知回头一看，所有的儿童都站在路边喊着：‘姑姑给我采一根，我也要一根狗尾巴……好深的草，我们怕蛇，不敢进去。’……

二十多年的距离，却已是一个全新的时代了。这一代还能接受狗尾巴草，只是自己去采已无兴趣了，那么下一代是否连墙上画上的花草都不再看了呢？”

如今，很多大城市的孩子对电子屏幕之外的东西缺乏兴趣，用“塑料儿童”来称呼他们，真的是有过之而无不及。看到有人在海滩上放风筝，我老公跟女儿也开心地玩了起来，并且在这对兄弟面前不停地跑来跑去。小尼却说：“真没劲！”小米也说：“要是带手机来就好了！”

有个区域可以捉鱼，很多孩子站在水里玩得很开心。我脱了袜子，站进去，用夸张的声音对小尼和小米喊：“小鱼啃我的脚趾缝呢，太痒了，救命啊……”女儿则以银铃般的笑声吸引了两个哥哥，我们故作较劲似的说：“要不要比一比？看看咱们谁抓的鱼儿更多呢？”

“比赛”激发起了小尼和小米的好胜心，他们立刻脱掉鞋子一起在水里摸鱼。鱼儿游得很快，抓住又溜走。失败多次之后，小尼找到了窍门，对远处的孩子们说：“你们把鱼赶到我这边来！”然后，他两腿并拢，双手合成弧形，等到鱼儿游来时就用力一兜。真不错！抓住了！小尼渐渐找到“小领袖”的成就感，玩得不亦乐乎；小米也交到新朋友，玩得非常起劲儿。

这令我感到十分欣慰，这才是孩子应该有的样子嘛。虽然这里的海比不上他们曾去过的马尔代夫和巴厘岛，然而，孩子的天性与童真却在与同龄人的互动中得到了尽情的释放。

从此，我跟老公每周轮流带他们来这里玩。我们尽量想一些新花样，如沙滩排球、沙滩足球、沙滩接力赛等竞技类活动。一次，我们穿着套鞋去捉螃蟹。小米的手被夹了一下，痛得嗷嗷叫。小尼恰巧用棍子戳洞，逼出一只螃蟹，小米立刻忘记疼痛追上去就捉，捉住之后，他兴奋地冲着手机镜头摆出胜利者的姿势。

我把那段视频发给姐姐时，她惊讶地说：“小米平时很脆弱，动不动就会哭鼻子。我用了很多方法都没有效果。看来，疯玩儿让他更像个小男子汉！”

还有一次，我们去山上的农家乐小住。我们在溪边玩水后，摸黑往农家乐走。两个孩子从来没见过那么黑的夜，四周黑魆魆的一片。小米说：“我怕鬼，好黑啊！快跑啊……”小尼故意发出奇怪的声音，小米就用力抓紧我的手，往农家乐的灯火处飞奔而去。我一边握着手电筒，一边跟他疯跑，累得气喘吁吁、满头大汗。

随后赶到的小尼惊讶地说：“你竟然能跑得这么快，真是不敢相信！”原来，小米在学校里的体育成绩一直都不及格，今天他却跑出了自己的最高水平。

那几个晚上，我带他们去看月见草，看萤火虫如星星点灯般飞来飞去。他们则把平时从电视和书本中学到的知识讲给我听，比如，夜蛾是如何从夜间草淡黄的花朵中吸食花粉的，萤火虫如何繁衍后代……在沟通中，我由衷地赞叹，大城市的教育让两个孩子掌握了那么多的科学知识。他们则认为，大城市的生活将自己变得禁不住一点儿挫折，反而是小地方的山川河流、动物昆虫再次激活了他们的生命力。

假期快结束的时候，姐姐和姐夫也来跟我们一起住了几天。晒得又黑又瘦的小尼和小米已学会用网兜捉蝴蝶、去树下找蝉蜕、挖蚯蚓钓鱼，还迷上了沙滩排球。

在大城市长大的姐夫简直不敢相信那两个野性十足、上蹿下跳的男孩竟然是他的孩子。看到小米跑得这么快、小尼对电子游戏不再痴迷，姐夫发朋友圈感慨说：“怪不得爱默生说：‘培养好人的秘诀就是让他在大自然中生活。’明年暑假，还要让他们多多亲近自然。”

怕生的小孩在想什么

我的儿子小撒从小喜欢一个人安安静静地玩，在同龄人中显得很不合群。2岁时，我妈妈只能在清晨和晚饭后带他去小区游乐场玩一会儿，因为太多生人在，小撒动不动就会大哭大闹，让姥姥很尴尬。每当家里来客人，或者带他到不熟悉的地方去时，即使我们使出浑身解数，他依旧不依不饶、哭闹不止。他不许别人碰他，甚至连人家看他都不许。他总躲在我们的身后，捂住眼睛从手指缝里偷偷地看。

3岁的时候，他开始上幼儿园。他先是哭了一个月（几乎不在幼儿园吃任何东西），然后又病了大半个月。在幼儿园里，他常常尿裤子，不听从指挥，这让老师非常头痛。

虽然一万个不愿意，但我还是不得不跟幼儿园园长一起面对小撒“是否需要推迟一段时间再入园”这个问题。

园长温和地对我说：“在国外，孩子们需要经过相应的考察才能确定他是去上午班（只在幼儿园待半天）还是下午班（不再需要午休，可一整天待在幼儿园）。在国内，我们大多数幼儿园是根据年龄‘一刀切’，这难免让有些孩子感到不适应。"

看到我脸上的尴尬，她宽慰我说："有些孩子只是在某个阶段不适应幼儿园，这并不代表孩子不够优秀。事实上，这样的孩子将来很有可能会超过其他的孩子。这一点，你可以放心。"园长给我做了一份有关孩子情况的问卷测试（内容来自康涅狄格州柴郡的一所幼儿园）。根据这份问卷，分数达到80分以上，就应考虑晚入园半年到一年。

测试结果显示，小撒的分数几乎接近满分。让小撒在家里再待半年对我来说是非常艰难的决定。但小撒却非常开心，他不再像入园初期那样屡屡生病，情绪和健康都好转起来。我仔细阅读了幼儿园给我的相关测试，特别关注了儿子缺乏的几方面内容。比如，独立性、注意力、手指动作的熟练程度、听从师长指挥、合作性、自理能力与社交力等方面。

为了让他能渐渐赶上其他孩子，我也把他在家的时间划分为"上课时间"和"游戏时间"。我们的"上课时间"从20分钟开始，要求他"站有站相，坐有坐相"。当他不按着我的指令去做时，我就以"老师"的口吻跟他好好讲道理。渐渐地，小撒能够尝试着将一件事情做完，并且懂得了"上课时间"应该有的规矩。

我还根据小撒的兴趣给他报了一个乐高兴趣班。他每周都会去那里上一个小时的课，渐渐地跟其他小朋友学会了合作与分享。

有一天，我读到凯瑟琳·麦肯在《纽约时报》专栏中的一篇文章。文章讲到一个5岁的小孩去参观小学一年级的感受：

我们走进了一个有舞台的大屋子……有一个老师站了出来，神色不安，好像丢了一个学生，我希望他不是丢了我。

有些孩子表演唱歌，他们在台上跳舞踢腿，我希望老师不会让我上去跳……我有些担心，假如在这里上学的话，我的书里面就没有图画了……我觉得他们学的实在是太多了，我不喜欢这里。

这些文字帮我进入一个害羞、怕生的孩子的心灵世界。对一个幼儿园的孩子来说，进入小学生活竟然是这么可怕的事情啊！同理，对我这个心智发育比较晚的儿子来说，进入幼儿园也是很难接受的一件事。

我忽然理解了为什么他会那么不适应，为什么幼儿园建议我们晚半年入学。这并不是要为难我们，而是为了孩子的健康成长。晚上，我搂着儿子耐心地听他讲自己为什么讨厌幼儿园。当他语无伦次地讲了一大通后，我告诉他："宝贝，有一天你会喜欢上幼儿园的。我保证，有一天你不会哭着进去，而是快快乐乐地跟我说再见。"

小撒懵懂地看着我，笑得非常开心。看着孩子天使般的笑容，我忽然明白了：每个孩子都是独一无二的，如果我们非要用相同的标准去要求他们，那么对孩子来说无疑是一种摧残。

经过半年的预备，小撒在各方面的进步都很明显。经过持之以恒的训练和兴趣班的集体生活，小撒长大了很多。他与我分别时不再哭泣，而是有了独立感，并且可以主动地参与到集体活动中。经过半年的锻炼，我的心理承受能力也提高了。这也让我更加明白，自己当初强迫儿子去幼儿园显然是在揠苗助长。

一位儿童心理专家曾这样幽默地表达认生孩子的感受："大人为什么总带我去见不认识的人？我好害怕啊，他们为什么这么盯着我看？我不认识她，为什么要叫她阿姨？啊！她竟然在摸我的手，太可怕了，妈妈救命啊！啊，她要抱我？为什么？不要！为什么爸爸骂我？他应该保护我，为什么对我这么凶呢？为什么妈妈这么奇怪，我都快死了，她还要带我去超市买糖果，这让我更加害怕了！"

可以说，这位专家站在孩子的角度，描述了孩子的真实感受。当然，这段话也给了我很多启发：孩子放弃对陌生人的戒备与恐惧是需要时间的，父母需要耐心地等待，温柔地引导。

"认生"，只是孩子表现出来的状态，背后的真实原因是孩子缺乏安全感，内心不够强大。当小撒因认生而哭闹不止的时候，我就静静地抱着他，不责备他，也不转移话题。我会小声地在他耳边安慰说："没事的，妈妈在你身边。"等他安静下来，我引导他环顾四周："你看，没有人伤害你，对不对？你是受人欢迎的孩子，对不对？"当他肯定了我的话后，我就鼓励他说："等你再长大一点儿，就不用哭得这么凶了。"

我们的关注点不是在小撒的"胆小认生"上，而是在他的"长处优点"上，这样他就会越来越自信。父母千万不要因为孩子认生，就给他贴上"社交能力差""性格古怪"这样一些标签。因为，孩子很可能会"逆袭"。

最终，你会发现自己的判断是错误的。

举例来说，小撒一直很怕小区的某个保安。连续半年，他每次看到他都会躲。这位保安觉得自己很冤枉，就问我：“为什么你家孩子看到我就哭？”我说：“哭不代表他不喜欢你，也许他是喜欢你才哭呢。”果然，当小撒克服认生之后，每次看到这位保安叔叔，他都会热情地打招呼，还围着他转来转去。

看来，父母用成人世界的逻辑判断孩子的天真行为，常常是南辕北辙的。陪小撒走过的这条“认生之路”让我更加明白：**认生只是孩子在特定阶段的一个表现，绝非衡量其性格的尺度。人际交往中，认生与挑剔并非全是坏事**。这让我想起韩国教育心理专家吴恩瑛在其所著的《孩子的压力》中的一段话，就极好地描写了我们一家人过去因小撒认生而倍感焦虑的状态：

> 很多时候，那些给孩子施加压力的父母本身就不能很好地应对压力。他们对自身和养育孩子没有坚定的价值观，周围议论纷纷的信息让他们感到不安。他们总是担心自己所做的事情会对孩子造成伤害。这种过分想要保护孩子的心理，反而给孩子带来了压力。

以此为鉴，父母必须致力于自我成长。唯有我们的内心变得强大，才能不把表象当本质。这样，我们就能把注意力聚焦于孩子的优点和天赋，用肯定与鼓励营造适合他们成长的环境，孩子自然而然就会强大起来。

其实，孩子内向怕生不是病，若是父母强迫内向的孩子变外向，那就是父母的错了。当孩子有社交焦虑时，如果父母用打压与贬损的方法硬逼着孩子变得外向，那么，这个被压抑的孩子在其成人之后很可能就会爆发出一系列的心理问题。

因此，父母不要打击孩子的自信，也不要把自己的孩子与别人家的孩子做对比。其实，尊重孩子，耐心地帮助和鼓励孩子，孩子一定会健康快乐地成长。

第三课

“我最讨厌弟弟了，他总是给我捣乱”

——化解兄弟姐妹间的忌妒与纷争

儿童教育学家海姆·吉诺特的《亲子之间》一书中，有一段话令我印象深刻：

> 当孩子感到被理解时，他们的孤独和痛苦就会减少，对父母的爱就会加深。父母的同情相当于情绪的急救药，能治愈受伤的感觉。如果我们能真正承认孩子的困境，说出他们的绝望，他就常常能鼓起勇气面对事实，善待弟兄姐妹。

西方箴言说：“只有一个孩子时，父母是父母；拥有两个或以上孩子时，父母是裁判。”中国人在教育多个子女时，则“温而厉，恭而安”，营造了“父慈子孝”的家庭氛围。“和平的养育法”都侧重于帮助父母解决孩子之间的矛盾，平衡孩子之间的关系，提高孩子的情商，引导他们彼此相爱。

总之，家庭是孩子情商的“培养皿”，每个父母都有责任教育出终生友善相处的子女。

二宝为什么这么“作”

我的一位好友是典型的二胎家庭：妹妹3岁，哥哥比她大5岁。很多二胎父母在有了二宝之后，都会觉得大宝在“失宠”后会用各种方式求关注。然而，她家恰恰相反。大宝性格温和，憨厚老实。二宝却古灵精怪。幼儿园老师反映说二宝上学时常假哭、假摔、假受伤，装出一副可怜兮兮的模样向老师告状，以期博得同情，并让惹哭她的小朋友受到处罚。

与朋友一起玩的时候，我刻意观察过她家的二宝。比如，她想要哥哥做的舰艇，哥哥怕她弄坏不愿给。于是，她的泪水瞬间就会涌出来，还不停地用手抓着自己的头发，好像受了天大的委屈。看到哥哥对她的做法嗤之以鼻，她伸手就要抢，哥哥将她轻轻一推，她便用力地做了一个假摔的动作，然后歇斯底里地哭喊起来：“哥哥打我，哥哥坏！”

我们正冷眼旁观时，闻风而来的奶奶劈头盖脸地就骂起大宝：“你这哥哥是怎么当的，怎么可以打妹妹？”

看到奶奶帮忙，二宝哭得更凶了，指着哥哥的舰艇说：“他不给我这个，我要！”

奶奶最拿手的是“碎碎念”，她不停地对着哥哥讲“大让小，家和睦”的道理。哥哥烦了，狠狠地将舰艇扔给妹妹，冲着奶奶大吼：“这下你满意了吧？你们不公平，都不爱我！”

眼前的这一幕让我感到很吃惊：二宝用“受害者”的方法“操纵”大人的技巧已炉火纯青。怪不得她在幼儿园里没有朋友，怪不得大宝很讨厌她，怪不得老师对这个现象如此重视!

我对好朋友的一家人分析说：“二宝一装可怜，大人就满足她。久而久之，她感觉只要证明自己足够悲惨，就可以为所欲为。”他们纷纷表示认同，但不知如何纠正。我说：“你们不要被她的情绪所操纵，反而要理智地引导她，让她能主动地面对挫折和拒绝。”

不久，类似事件又发生了。二宝跟小撒一起玩。她想借小撒的玩具，但是又没有借到，这时她就开始故伎重演，捶胸痛哭，以吸引奶奶的注意，奶奶见状于心不忍，劝小撒说：“你看小妹妹哭得那么可怜，你借她玩下好吗？”

我婉言拒绝了奶奶，对二宝说：“阿姨知道你想玩这个玩具，但是，小撒有权不给你玩，因为玩具是他的。”二宝哭了很久，哭声充满了愤怒与焦虑。我一边抱着她，任她哭个够，一边肯定她的感受说：“我知道那个玩具你们家没有，你很喜欢……”

哭了10分钟左右，二宝突然就不哭了。说实话，这个过程我倍感煎熬。我向来特别疼爱粉团一样的她，一看到她掉泪就想妥协。但是，我更想从这件事情中帮助二宝学会成长。

“如果孩子一装可怜，家长就顺着她，那么孩子就会认为悲惨和号哭是通往目的地的门票。”这句箴言让我冷静下来，并且坚持立场。二宝看自己演的戏我不买账，过一会儿又拉着小撒去玩了。

然后，我帮好友反省了她在家庭教育中的过错。朋友决定，今后无论二宝怎么装可怜、怎么折腾，她都不会放弃自己作为母亲的领导地位。只有教会二宝控制自己的欲望，与现实妥协，尊重别人说不的权利，大宝才能感到公平，才能发自内心地好好疼爱妹妹。

很快，类似的事情又发生了。这天，我的这位朋友要带二宝去参加大宝的兴趣班演出。原本说好的事情，二宝突然反悔了。她把自己锁在浴室里，又哭又闹，大宝因此大发脾气，嫌她耽误了时间。这时候，朋友让奶奶先带大宝去，她调整了一下自己的情绪，对二宝说：“哥哥演出的事情并非天天都有，所以妈妈得去观看。你可以选择跟我一起去，也可以选择待在家里。”

二宝一边哭，一边可怜兮兮地说：“妈妈，我不让你走，你要陪我看电视……”她边哭边说着甜蜜的话，这是她的“撒手锏”，朋友以前很吃这一套。

朋友很严肃地对她说：“现在是四点二十分，四点三十分我就得出门。你要不准备好，时间一到我就要出门。”

看到妈妈忙着准备出门，二宝放弃了对抗，赶紧在衣柜里找出一条公主裙。大宝见到妹妹非常高兴，还主动给了妹妹一个棒棒糖。

类似的事情偶尔还是会发生。每当二宝在妈妈这里得不到关注时，就会跟爷爷奶奶演悲情戏。然而，爷爷奶奶也接受了正确的育儿观念。看到全家人态度一致，二宝也没辙了。

每一次，妈妈总会温柔而坚定地对二宝说："哭闹和装可怜，就等于弃权。以后只要你故意这样做，你想要的东西我们就一定不会给你。"二宝因此变得更加有礼貌，不再动不动就装可怜。看到两个孩子其乐融融的样子，我朋友意识到自己必须成为他们的带领者与裁判者，让他们感到公平，这样他们才能自信地遵守并且适应。

我也把美国育儿作家娜奥米·阿尔多特所著的《养育孩子，一场温暖的修行》中的一段话分享给朋友：

> 如果无限制地为孩子改变环境，就等于告诉他："你太脆弱，无法处理这件事。"或者"是环境出了错，必须做一些改变"。这正是受害者的心理。如果认真聆听孩子的感觉，就等于告诉他："我相信你，你有能力走出困境，有能力接受现实或解决问题。"

朋友家的二宝让我看到二孩家庭的不容易。父母需要对二宝有更清晰的界限，并给予更明确的指令。同样，对大宝也要给予更多的尊重，例如，单独抽出时间跟他跑步、陪他聊天。我们要教二宝尊重哥哥姐姐，教大宝关爱弟弟妹妹，前提是父母必须是理性、公平、不感情用事的人。

只有妈妈足够理性、公平，有智慧，两个孩子的关系才会越来越融洽。当然，“队友支持”也很重要。朋友家的二宝正是看到家里的长辈们一致拥护妈妈、支持妈妈，并努力和妈妈定的规矩保持一致时，她才放弃挣扎，纠正了自己的言行。

二孩与多孩的“和平养育法”

“和平养育法”的概念是美国著名的育儿专家劳拉·马卡姆博士提出的。她认为，“采取平和的态度并不意味着家里的现状是难以控制、活泼异常的，只是说明父母内心不要反应过度。父母应给孩子树立一个好榜样，帮助他们建立可以自我调节的大脑和神经系统”。

在这一理论中，具体可行的两个方法如下。

第一，聚焦于“怎么做”，而不是“谁对谁错”。

教育家斯泰西曾说：“如果我能关注当下和保持呼吸平稳，爱就会主导局面；如果我沉浸在负面情绪之中，事态就会升级。”

一般来说，孩子打骂兄弟姐妹、惹得大人生气或故意违反规定时，说明他（她）无法排遣内心汹涌的感情。遇到这种情况，很多父母的第一反应往往是对孩子严加惩罚。然而，在惩罚中长大的孩子会怨恨手足，并进行报复，有的甚至还会有愤怒和抑郁的倾向。如果父母能做出冷静而理智的决定，就能帮助孩子摆脱愤怒和抑郁的消极状态。

假如孩子们冲突的问题是占有某种东西，不妨先将他们分开，让双方都安静下来。如果孩子们发生了肢体冲突，父母要耐心地询问真实情况，与孩子达成共识，并征求孩子的意见。

同时，父母还要教孩子一些基本的谈判技巧，而不是情绪化的诋毁和告状。在考虑了孩子的诉求、建议和可行性方案后，父母要重申界限和家规，找到避免出现类似矛盾的解决办法。

比如，二宝抢大宝的玩具车，大宝一怒之下就打了二宝，结果两个人就扭打起来。此时，父母若逼着孩子承认自己的错误，只会让孩子感觉自己受到了威胁而更不愿意分享。妥善的处理方法是：先将两个孩子隔离起来，然后告诉大宝："我知道是妹妹先动的手，但是你打回去也不能解决问题。你可以对妹妹说：'你是不是要我的车？我还没有玩够呢。'"

之后，父母客观地陈述问题，启发孩子寻找双赢的办法。比如，"她要玩你的车，你不愿意……你觉得她会喜欢另一辆车吗？把另一辆车给她玩好吗？"

第二，父母是孩子们的"在线翻译"。

发生冲突时，翻译技术是一种宝贵的工具——帮助孩子（特别适用于一方是婴儿的情况）理解对方的感受，平复自己的情绪。

当孩子陷入焦躁、愤怒，不愿意倾听兄弟姐妹的解释时，父母可以客观地描述发生了什么事情，用同理心来引导孩子表达自己。比如，你可以对老大说："刚才你把妹妹举得很高，她大声哭叫是在表示害怕。"

如果大宝因为二宝侵犯了他的物品而愤怒，你可以对大宝说："看起来你非常讨厌妹妹那样做，你可以用语言告诉妹妹吗？”然后你再对二宝说：“你是不是想让姐姐关注你呢？来，我们告诉姐姐。”如果大宝惹哭了二宝，一脸怨气地说：“她就是个爱哭的娇气鬼。我讨厌她！”这时，父母要用同理心对大宝说：“我知道你一定很生气。”并且启发二宝说：“姐姐很生气，你觉得你能做些什么让姐姐开心起来呢？”

上面这些方法都要求父母在孩子情绪失控的时候能够保持平和的心态。这其实并不容易，需要反复地练习。但是，平和的父母更能营造出“和为贵”的家庭氛围，鼓励孩子发挥创造力来解决矛盾，建立深厚的手足之情。

龙凤胎的爸爸，做一个高情商的好裁判

我的邻居孙大哥有一对品学兼优的龙凤胎，他们分别是哥哥小恩与妹妹小惠。当两个孩子发生冲突时，他会采取平和的态度，教孩子学会倾听他人，从多个角度分析问题，并找到双赢的解决方案。

我曾经仔细观察过他与两个孩子的互动，下面这些做法就非常值得父母们借鉴。

首先，父母先要自我调节，教孩子以健康的方式管理复杂的感情。

刚上幼儿园时，身强体壮的小恩经常玩着玩着就把妹妹小惠推倒。在很多家庭，如果年纪小的孩子一哭，父母们就不自觉地进入“战斗”状态，劈头盖脸地训斥老大：“你怎么当哥哥（姐姐）的？”

事实上，很多时候，年纪小的孩子只是吓了一跳，并没有觉得哥哥姐姐做错什么。但是，当小宝看到因大人的过激反应而使哥哥姐姐向自己屈服的时候，他们会理所当然地认为哥哥姐姐可以被自己的哭声和告的状降伏。

从生理学的角度来分析，这种情况如果反复出现，年龄小的那个孩子

大脑中警示危险的“杏仁体组织”会更活跃，更容易心烦与吵闹，变成娇情的“小公主”或“小皇帝”。

所以，我非常欣赏孙大哥的处理方式。他提醒自己跟家人：“表面上看，都是小恩的错，然而事实可能并非如此。父母是孩子的榜样，我们要和孩子共同解决问题。”

有一次，我在小区攀登架附近偶遇他们一家人。当时，孩子们正在追逐嬉戏，小恩又故意推倒小惠。我看到孙大哥努力平静自己的情绪，把小恩叫到一边。他先承认小恩的感受与需求，“是妹妹先惹的你，我都看到了。但是，你打她会让她更害怕”。

小恩低下头，咬着嘴唇不说话。孙大哥继续耐心地跟他说：“我知道你很生气，你可以告诉小惠你有多么生气吗？你可以告诉她怎么改变吗？”小恩听了，反倒哭了起来，他发泄完情绪后，孙大哥一手搂着一个说：“你们都觉得委屈对不对？现在你们可以尽情地哭，哭完以后我们再解决问题。”

通过这件事，这位邻居鼓励哥哥说出妹妹令他不满的地方，并商量出双赢的方案。他还跟妹妹小惠说：“你听到哥哥的抗议了吗？他不喜欢你用手里的枪指着他，你要么放下枪，要么拿枪去别的地方玩。”

我一直在旁边静静地看着这一切，心里由衷地佩服这位邻居。首先，他很公正地处理了孩子之间的矛盾，并支持小恩的正当要求：妹妹不能吵他画画、不能用枪指着他、不能动他的玩具等。同时，他也给哥哥小恩制定规矩：如果下次再故意推倒妹妹，就得面壁思过十分钟。

其实，小恩平时是一个有担当、能包容的哥哥，他很少用暴力对待妹妹，只有在特别愤怒时，才会寻求父母的帮助。孙大哥处理问题的方式，让这对龙凤胎的关系变得非常融洽。他们进入小学之后都是班干部，深受同学们的欢迎。

其次，不苛求“大让小”“男让女”，但鼓励老大做绅士。

中国人的传统观念认为“哥哥让妹妹、姐姐帮弟弟”是天经地义的。然而，我觉得这种理念并不科学。我认为，父母要努力做到公平，不让任何一个孩子有“爸爸妈妈总是偏袒妹妹（弟弟）”的感受。

我们每次跟邻居孙大哥一起外出的时候，都会发现，他从不要求小恩一定要带小惠玩，而是经常把小惠的进步归功于小恩，这样的做法有效地消除了小恩对小惠的忌妒。当两个孩子抢本该是共同拥有的玩具时，一般是小恩占上风。当小惠求助时，这位邻居就会心平气和地跟小恩说：“你是小绅士噢！小绅士对待他人会很慷慨。”如果小恩不愿意，他就不勉强。如果小恩愿意分享，他就赞赏地说：“你让妹妹玩你的玩具车，她好高兴啊，你真慷慨，我知道这辆玩具车对你很重要。如果你想要回去，请告诉我！”

他还跟我说过另外一件事：

> 有一天，小恩将布偶狠狠地砸向小惠。当时我气得真想给他一巴掌，但我还是克制住自己的情绪，转身去了书房。我一边看书，一边

跟自己说："现在如果我用暴力对待小恩，他以后也会趁我不注意时用同样的方式对待小惠。我越对他咆哮，就越会失去孩子对我的尊敬。"

等我的情绪平静后，我跟小恩说："今天我们过得都挺不顺的，我知道你可能需要爸爸抱一抱。"他面有愧色，但是身体靠向我。我能感觉到我们之间的隔阂正在慢慢地融化，这时候我说："爸爸过去真的没做好，不应该冲你嚷，也不该让你觉得我把时间都给了妹妹。今天你肯定过得不开心，但是明天一定会好起来。我爱你，孩子……"

我平静地说着，小恩忽然道歉了。他是那种性格刚烈、死不认错的孩子，却说："爸爸，我不对，我不砸妹妹了。"

"温而厉，恭而安。""礼者，敬人也。""少年若天性，习惯如自然。"古人这样说，是要父母跟孩子保持一种亲密的关系，温和又有原则，这样孩子才能慢慢地学会"礼者，敬人也。"

至于"少年若天性，习惯如自然。"此话更是耐人寻味。老大为什么能有呵护弟妹、关爱礼让的自律精神呢？一定是自我选择的结果。父母命令他（她）爱二宝、让着二宝，这其实是外来的压迫，不是真正的自律，久而久之，必然会激起老大的叛逆情绪。如果能像案例中那位邻居那样处理两个孩子之间的关系，那么父母和孩子之间就会建立起一种信任感，亲子之间就会有爱的传输。

再次，建立两个孩子之间的亲情联结，用爱和宽容来消弭彼此间的对抗。

孙大哥家设有一个“情感银行账户”。每当孩子之间发生冲突和对立时，就是从这个“情感银行账户”里“取款”。为了不出现账户亏空，他要刻意帮两个孩子“存款”。存款的方式有很多：握手、拥抱、送礼物、做贺卡等。

小恩参加足球队比赛时，爸爸一定会带着小惠加油鼓劲儿；小惠表演芭蕾舞时，小恩也会为她感到骄傲。在这家人看来，最好的“存款”，就是让孩子们尽情地玩乐和欢笑。

调查研究表明，兄弟姐妹在一起欢乐、闹腾的时候，压力荷尔蒙会下降，情感轻松的荷尔蒙会上升。这些美好的记忆会促进兄妹之间的紧密关系。在孙大哥家，几乎每周，他们都跟两个孩子中的一个单独共度一段特殊时光。比如，爸爸跟小恩在他的卧室里玩模型，或是妈妈陪小惠玩过家家的游戏。这时候，孩子充分感受到父母的爱，深知自己是独一无二的。

就像心理学家劳拉博士所说的：

> 我们的目标是要慈爱地引导我们的孩子……当孩子们感受到与父母的深度联结时，他们会为维持那种情感而做任何事情，而且他们永远不会与我们作对。我相信，只有慈爱温柔地相待，亲子关系和手足关系才会良性发展。

最后，教孩子意识到男女差异，帮他们梳理和辨别情绪。

一般来说，男孩比较理性，女孩比较感性。孙大哥告诉我：两个孩子上小学后，小恩经常投诉小惠“神经病”“莫名其妙就打我”“无缘无故不理我”。孙大哥跟他解释说：“当女孩子累了、饿了、孤单了或是胡思乱想的时候，她大脑中的前额叶皮层会难以控制情绪。你可以先发制人，满足她的需求。”渐渐地，小恩学会对妹妹察言观色。在妹妹发脾气之前，他会给她一包零食，或者夸她几句，甚至是陪她玩一会儿。

小惠刚上一年级时，经常因作业压力而沮丧，因而对哥哥处处“找茬”，甚至把哥哥的作业本撕坏。孙大哥就从心理学角度来分析，告诉小恩：负面的情绪压力压制了小惠的理智，让她不能战胜忌妒心理。

孙大哥还向我求教，如何帮助小惠处理内心暴风骤雨般的感觉，让她获得自由。我建议孙大哥教小惠跟自己的内心对话，学习跟自己道歉，然后模仿小宝宝的声音，替自己内心的小女孩对“刚才犯错的自己”说：“没关系。我喜欢你。”

有一天，小惠把哥哥的作业偷藏起来，被孙大哥逮个正着。孙大哥就抱着她说：“我小时候做作业也慢，上中学之后就越来越快。你不用跟哥哥比，你在爸爸妈妈眼里是不可取代的……”随后，小惠开始哭泣，并用语言表达她的负面情感，最终放下了这种忌妒的情绪。

小惠跟自己的内心道歉，然后又模仿自己内心的那个小女孩柔和地说：“没关系。我喜欢你。”

这种心理暗示很有力量。因为忌妒哥哥比自己成绩好的事情总是时有发生，两个孩子朝夕相处，一方比另一方聪明的感觉的确叫孩子很不好受。

孙大哥选择用共鸣和移情的方式让小惠明白："我的忌妒情绪很正常，没有危险。""当我说出内心的感觉时，也就不那么生气了。""我的情绪很复杂，有伤心、自责、难过，一旦我意识到这些，就不生哥哥的气了。""我内心的小女孩会原谅我，我是一个好孩子。"

当然，他们也教小惠明白界限的道理：内心忌妒一个人是一回事，对这个人采取报复、陷害的行为则是另一回事。前者可以原谅，后者必须受到惩戒。

进入中年级后，小惠的舞蹈天赋在比赛中得到认可。越来越自信的她不再被忌妒情绪所困扰。如今，小学三年级的小恩与小惠已经懂得如何处理矛盾、化解纠纷，兄妹俩成了最亲密的玩伴。

孙大哥跟我说过一段话："我特别感谢妻子。有很长一段时间，唯一让两个孩子'停战'的方法是妻子陪他们坐在地板上，引导他们安静下来。她教孩子们不带攻击地表达自己的内心需求，找出化解紧张、敌对气氛的方法。也许别人看不出她究竟付出了多少努力，但是，孩子的成长轨迹却处处映射出她的辛勤付出。"

建立良好的依恋关系与手足关系

英国诗人斯蒂文森写过一首著名的诗——《点灯的人》：

茶点快准备好了，太阳已经西落，

这时候，可以在窗口见到点灯人走过身旁。

每晚，吃茶点的时候，你还没就座，

点灯人拿着提灯和梯子走来了，

把街灯点亮……

只要门前有街灯，

我们就很幸福……

我觉得，对孩子来说，父母就是那个点灯的人。父母可能不善言语，但可以用实际行动把温暖、关怀、道德，或一个习惯、一个精彩的故事、一个颇具意味的视频、一本有趣而耐人思考的书带到孩子们的面前，与他们一起感受、欣赏、品味。

作为父母，我们还要帮助孩子建立良好的依恋关系。我觉得教孩子彼此相爱是父母所能给予的最好的礼物，这份手足之情会伴随着其人生的跌宕起伏而深深地印刻在他们的内心深处。

要让孩子间有健康良好的关系，夫妻关系应该坚如磐石。著名心理学专家武志红曾说：“如果夫妻关系是家庭核心，拥有第一发言权，那么这个家庭就会坚如磐石。”

幼儿时期是一个人的“安全型依恋关系”形成与发展的关键期。在亲子依恋中，父母分工各有不同。

3岁之前，孩子与妈妈处于“共生期”，妈妈体内分泌一种物质，产生对孩子陪伴的耐心，随时满足孩子饥饿、如厕、痒痛等生理需求，让孩子感觉到自己是安全的、被爱的。在与爸爸的互动中，男孩的身体骨骼和肌肉得到充分锻炼；对女孩而言，在与爸爸的相处中，她学习如何与异性交往。

在培育亲子依恋与手足关系的过程中，我们要注意下面三个方面。

首先，父母要考虑孩子的气质特点，调整自己的行为以适应孩子的需要。

根据孩子在陌生情景中的不同反应，心理学家安斯沃斯将亲子依恋分为：安全型、回避型、反抗型和混生型四种类型。在一个实验中，妈妈悄悄地离开孩子之后，不同依恋类型的孩子会做出不同的反应。安全型的孩子能够继续玩；回避型的孩子会哭泣；反抗型的孩子出现攻击性的言语或行为；混生型的孩子可能兼具前三种特征。

父母不妨测试一下孩子的类型。针对回避型和反抗型的孩子，父母要仔细观察孩子的黏人或难缠的根源何在，选择正确的方法养育孩子。如果你的孩子们属于不同类型，你就需要摸索出不同的方法来帮助他们。

其次，爸爸处理孩子之间的矛盾，会让孩子的性格更阳光。

父亲可谓是孩子灵魂的“点灯人”。他激起孩子对外界的兴趣，引导孩子观察大千世界并且勇于创新。在孙大哥的身上，我看到良好的父子依恋把孩子引向更有趣、更广阔的世界，建立起兄妹之间健康的关系。

父亲鼓励孩子们进行探索，解答他们的疑难问题，可以使孩子从外界不断地获得成就感。同时，孩子也能从父亲的身上感受到世界以有序的方式运行着。成功是一种需要辛勤耕耘才能有所收获的经历。这种经验不仅影响孩子的情感发展，还会使孩子获得自理能力与强大的自信心。

当孩子们发生矛盾的时候，妈妈可以先分开他们，然后说：“等爸爸回来再处理！”这样做，既可以维护爸爸的权威，又可以让孩子们的情绪得以缓冲。事实上，在很多家庭，当爸爸回来的时候，孩子们已经和好如初了。

为了培养手足情，爸爸可以每周给孩子们提供一种新的精神食粮——带他们去博物馆、教大宝给弟弟妹妹剪指甲、带着大宝给弟弟妹妹修理玩具、大家一起种一棵小树苗等。这些微不足道的小事情都能不断地拉近手足之间的关系。

有一天，邻居孙大哥去外地出差。儿子小恩主动为正在泡脚的妈妈与妹妹小惠拿来擦脚毛巾。妈妈一摸，竟是热乎乎的。原来，小恩提前把毛巾放在暖气片上，烘了一会儿后才拿给她。因为丈夫在家的时候，每当小恩洗好澡，他都递给他烘暖了的浴巾。所以，丈夫不在家的时候，儿子就会以同样的方式照顾妈妈与妹妹——对于孩子来说，父母的言传身教胜过一切说教。

再次，亲子依恋的核心是预备亲子分离，帮助孩子独立。

亲子依恋的本质是为了孩子能够独立地生活，能够离开父母独自立足于社会，这样他们才能自由且健康地关爱自己的兄弟姐妹。

手足之间才是一种平等自由的关系。正如《最美的教育最简单》一书中作者讲述的那段话：

> 父母的第一个任务是和孩子保持亲密的关系，呵护孩子的成长；第二个任务是和孩子分离，促进孩子独立。若把顺序搞反了，就是在做一件反自然的事，既让孩子童年贫瘠，又让孩子的成年生活窒息。生命中最深厚的缘分，只在这渐行渐远中才趋于真实。

兄弟姐妹也是最爱你的人

“80后”“90后”的父母，不少是在中国的计划生育政策下长大的。我们并没有跟弟兄姐妹相处的经验。所以在处理自己家的二孩关系的时候，缺乏智慧。我们可以向一些生育政策开放的国家学习。

以韩国为例：韩国家族荣誉感很强烈。他们的长子与长女，特别有“小家长”的责任感，特别呵护疼爱弟妹。父母会对老大严格要求，让他们从小懂自律，给弟弟妹妹做榜样。弟弟妹妹则懂得尊重哥哥姐姐，效法他们的好行为。这种长幼有序、彼此关爱的家庭文化，对孩子们的和睦相处很有帮助。

今年暑假，我的一个在韩国生活的妹妹要做子宫肌瘤手术。所以，妹夫将他们9岁的大儿子送到我家暂住一个月。

外甥在登机前礼貌地跟我们打电话，描述自己的穿着和登机详情，我们都觉得他很老练和早熟。儿子小撒迫不及待地将玩具搬进客房，热情地欢迎小表哥的到来。他惊讶地发现，这个小表哥能自己洗澡、自己洗衣服，按时睡觉起床，吃完饭后会帮忙洗碗，出门时会主动带走垃圾，早晚还会跟家里的长辈问安。

此外，他还会定时给爸妈打电话，无论去哪里都会先跟我打招呼。他给韩国亲人买礼物的同时，还不忘给我们买小礼物。

独立、懂事的外甥住在我家，仿佛一面镜子照出我们的缺失。

一次，外甥跟小撒在商业广场里的攀爬乐园玩，约好时间来大门口等我。那天，我的车被堵在路上，外甥的手机又没电。他们足足等了半小时。当我赶到时，外甥关切地问：“阿姨，你还好吗……手机没电，让你联系不到我，真对不起。”

小撒充满怨气地喊：“为什么让我等这么久？早知道你要来迟，我就在里面多玩一会儿了！”我说他的态度不好，他就嚷嚷起来，受不得一点儿委屈。

还有一次，我带外甥和小撒参加社区的亲子活动。组装航模遇到困难时，小撒说什么都不愿再尝试；外甥却屡败屡战，最终组装成功。外甥喜欢看《巴布工程师》这部动画片，经常引用片中的口头禅——“Can we fix it？ Yes！ We can！”（我们能搞定吗？是的！一定行！）每当小撒遇到困难时（比如画画时笔不听使唤、模型拼不好、跳绳不会连跳等），他都会用这句话来鼓励他。

小区的一个“小霸王”经常欺负小撒，小撒能躲就躲、能忍就忍。当小撒再一次被“小霸王”欺负时，外甥一定要对方道歉。对方跑了，他就追，对方刷卡进楼，他就等在外面，直等到对方的父母路过。他把事情原委讲清楚，男孩的父母赶紧带着孩子来道歉。这也让我看到外甥不亢不卑、据理力争的一面。

这事让我的亲人与邻居们都感慨地说："韩国的小孩为什么跟咱们差别这么大？人家是怎么教育的呢？"平心而论，我妹妹是个繁忙的上班族，没有太多时间花在外甥身上。我觉得外甥的美德与品格，反映出韩国社会普遍的教育理念与家庭文化。

面对"小霸王"这种事情，中国父母的态度往往是多一事不如少一事，太斤斤计较显得父母没有气量。韩国父母则鼓励孩子不要一味地忍让，相信发生冲突的那一刻，孩子的表现是他本能、认知、经验的综合反映。

当然，外甥身上也有需要平衡和改变的地方。比如，他做事有点儿古板和苛求，缺乏完全被接纳的安全感；在艺术方面，他不像小撒那么充满激情与创造力。但是，外甥身上那种"刚强团结"的品格是最令我反思的。

外甥走后，我们对小撒的教育有所调整。我们发现，哥哥的爱是一种看似残酷却能训练小撒变得刚强的力量。在很多独生子女的家庭中，长辈对孩子的爱更多的是宠溺。但是手足之间的摩擦，会让小撒体会到想不开、很纠结的滋味。

这是成长的必修课，我们也试着让小撒去学习。比如，小撒在拼装乐高遇到困难时，往往会撒娇，让爸爸帮忙。如果爸爸拒绝了，他就会哭得很伤心。我们就会换一种方式——不再放大小撒的情绪，不把这种正常挫折看作心灵的创伤。如果他哭10分钟，那就等他哭好又默默去尝试时，再给他帮助与意见。

事实证明，家人用这种“冷处理”的方式面对小撒的畏难情绪，小撒反而越来越不怕困难。在生活中，我们还会通过游泳、爬山、夏令营等方式培养他的意志力与不屈不挠的精神。后来，小撒进入一年级，遇到更多学习方面的挑战。我们就用外甥的那句口头禅来鼓励他——“Can we fix it？ Yes！ We can！”（我们能搞定吗？是的！一定行！）

当小撒提出不合理的要求时，我们态度明确、立场坚定，让他明白这个世界不能为所欲为，应该控制自己的欲望；当他受到欺负时，我们帮助他用更坚定、更恰当的方式来讨回公道……

此外，我们看重教导他生存的技能、生活的技巧，督促他为自己负责任，关心他人的需要与感受。随着时间的推移，渐渐长大的小撒变得更勇敢、更坚定，也更有小男子汉的味道！他常跟哥哥在网上聊天，把他当作自己学习的榜样。

最重要的一点是：小撒从哥哥身上感受到——兄弟姐妹也是最爱你的人！

第四课

“妈妈，为什么他（她）不喜欢我抱”

——如何利用“爱的语言”与各类孩子相处

◆◆◆

在每一个孩子的心里都有一个“渴望被爱的箱子”——当一个孩子真正感受到被爱，才能健康地成长。但是，当“爱的箱子”空了的时候，孩子就会出现各种各样的问题行为。可以说，孩子身上多半的问题行为是由对爱的渴求而激发的。

著名学者查普曼博士发现，人类有五种“爱的语言”，若运用到与孩子的沟通和教育上，可以体现为以下内容。

肯定的言辞：用同理心去理解孩子的行为，用赞扬等正面的语言让孩子获得安全感。心理学家威廉·詹姆斯曾说过：“人类最深处的需要，可能就是被人欣赏。”

精心的时刻：高质量的陪伴，父母全身心地投入，走进孩子的世界，倾听孩子的声音。

接受礼物：礼物是爱的物质象征，是爱和心意的表达。

服务的行动：将对孩子的爱转化为切实可见的行动。

身体的接触：亲吻、拥抱、抚摸，通过身体接触让孩子感受到父母最直接的爱。

就像每个民族有不同的语言一样，爱的语言也多种多样。因为我们生来所具备的“爱的语言”不同，所以会产生误解、隔阂和争吵。由于不了解或者忽略了对方的主要爱语，人与人之间就会产生矛盾。在亲子关系中，爱的目的不是得到你想要得到的满足，而是为了你所爱之人的福祉而用他的主要爱语去为他做些什么。

什么是爱的语言

《爱的五种语言》是一本讲述两性沟通的书，我觉得同样受益于家庭教育之中。语言是人类沟通的主要工具，父母需要了解孩子的爱语，恰当地满足孩子的情绪需求，用正确的方式表达想法，并达成共鸣。

经过观察，我发现自己最讨厌的爱的语言是“身体的接触”，这就是为什么我在童年时期一直对抚摸这种方式如此反感的原因所在。

我的儿子小撒，他的爱的语言却正是身体接触。我每天都要摸摸他的脸颊，亲亲他的额头，只有这样他才觉得妈妈是爱他的。我唤醒他起床的方式是捏背，这种亲密的身体接触能使他感受到我对他的爱。

小撒有一个好朋友叫波波。波波就住在我们楼上，她长得像个洋娃娃。波波还是小婴儿的时候，有几个童心未泯的女邻居喜欢把波波当作“芭比娃娃”——摸她翘起来的睫毛、亲她莲藕般的手臂，有的甚至还会摸她肚子上的褶皱……碍于熟人的面子，波波的妈妈不好意思拒绝，便减少了与她们接触的时间。但是，很多人还是避不开。比如，有的邻居一见波波，就忍不住去捏她的手臂，善意地说：“真像个肉嘟嘟的粉团”……

因为我觉得波波的性格跟我很像，所以我特意观察过这个女孩。1岁前，波波经常不开心地看着那些随便摸她的人；1岁以后，她拼命挣扎，甚至打人和咬人。别人都说波波脾气不好，我却觉得波波和我小时候一样，对这种“看似无害却令人难受”的身体接触非常反感。

为了不给孩子造成心理阴影，我建议波波的妈妈要学会委婉拒绝。比如，委婉地说：“谢谢您这么喜欢波波，但是波波不太喜欢抱她捏她的方式，咱能不能换种方式……”经过几次解释，那些喜欢波波的人转而用语言与波波互动，发现这个小丫头的脾气并不坏，而且很爱笑。

用小朋友喜欢的方式来爱他

波波是小撒的好朋友，所以他经常邀请波波来家里玩。小撒开心的时候，就会抱波波一下，而波波则表现出一副不情愿的表情。

我告诉波波："身体属于你自己，如果你不愿意，没有人有权碰你。"然后，我用芭比娃娃玩具给她做示范——无论是捏、亲、摸、咬，还是不怀好意地看，都是错误的。我还将相关的绘本读给两个孩子听。一边读绘本，一边告诉小撒，要用小朋友喜欢的方式来爱他（她）。

我把五种爱的语言告诉小撒，然后问他："波波的'爱的语言'是什么？"

小撒摇了摇头，我就告诉他一件小事。小撒每次跟波波玩耍的时候，他总喜欢到阳台上去看兔子。可是，波波对兔毛过敏，她不能去阳台。

有一次，波波走到我身边，对我说："阿姨，你给我讲个故事吧。"小撒凑过来套近乎，说："波波，我给你讲怎么样？这本书我都会背了！""我不喜欢你，我要阿姨讲！""为什么呢？""你走开，我不喜欢你！"

小撒很受打击。再后来，小撒试着讲过几次，可波波听不了几分钟就说："你讲得不好！"总被拒绝让小撒很失望，他就问我："波波怎么不喜欢我呢，我哪里讲得不好了？"

我说："有些人的'爱的语言'是陪伴，是需要心无旁骛的陪伴。你是否投入，对方是有感觉的。一开始，你就没有读懂波波的'爱的语言'——精心的时刻。你不要老是跑到阳台去看兔子，波波需要你认真的陪伴，这样她才会真正地喜欢你。"之后，小撒和波波的关系慢慢好转了，因为他慢慢学会了理解每个孩子对爱的需求是不一样的。

同样，我也帮助波波妈妈教她如何表达自己的"爱的语言"，如何委婉地拒绝别人对孩子过度的肢体接触。首先，要学会分辨两种性质的"身体接触"：第一种是"红牌接触"（即"危险的身体接触"）：有人故意碰触孩子内裤和背心下面的地方。遇到这种情况，要立刻"罚下场"。我告诉波波要第一时间大声地对对方说："住手，我要报警"，或"我要告诉妈妈和老师"等。

第二种是"黄牌接触"（即"过度的身体接触"）：有人善意地碰到其他部位，比如脸、手臂、脚掌、腋窝等。这种情况，我让波波根据自身的感受来决定是否应该制止对方。比如，摸脸有时表示问候，对方摸一次，波波可以忍受；如果继续摸，波波就受不了了。这时候，我鼓励她明确地说出自己的请求和感觉。比如说："请不要摸我好吗？这样做让我感觉很不舒服。"

有些身体接触，在父母看来是小事（比如有人喜欢拿掉她的蝴蝶结，让她头发披散下来）。但是，波波的反应却很强烈，甚至觉得干涉了她的自由。当波波提出抗议时，父母应该尊重并且支持她。就算会得罪人，或者让别人难堪（事后父母可以道歉并且解释），父母也要用自己的支持来告诉波波：你才是自己身体的主人，你有权决定“过度的身体接触”该在什么时候停止。

因为了解了波波的“爱的语言”，所以小撒会格外留意她的表情，替她说话。比如，我们小区有个小男孩常趁波波不注意时，凑过来亲她一下，那个男孩的奶奶甚至以此为荣。波波抗议过几次都没见效。后来，当那个小男孩又要靠近波波的时候，小撒就大声警告说：“你别过来，波波最讨厌人家亲她啦！”

后来，波波的父母也特意告诉男孩的父母：“虽然波波很小，但是我们尊重她对自己身体的自主权，我们希望别人也尊重她。”经过沟通后，小男孩再也没有那么做了。

波波上幼儿园之后，她已经能尽量用礼貌的方式说“不”。我们告诉波波说：“很多人的‘爱的语言’是身体的接触，所以他们喜欢用‘黄牌接触’的方式表达友好。你可以礼貌地告诉别人你的‘爱的语言’是什么，这种说‘不’的方式大家都容易接受。”

波波如法炮制，效果很好。每当熟人要抱她的时候，波波就说：“阿姨，你夸我，我很高兴，但是我不喜欢人家抱我……”

波波上中班之后，班主任常常会亲切地拥抱每一个孩子，这时，波波就会礼貌地跟老师讲自己的“爱的语言”：“老师，我的‘爱的语言’是精心的时刻。我更喜欢你倾听我的话，而不是抱我……”

老师大吃一惊，她都没听说过“爱的语言”。通过我的解释，老师深有感触，她说：“我一直以为每个孩子都喜欢拥抱和触摸，看来我错了。我也要学会用不同的‘爱的语言’满足不同孩子的需求。”

理解和尊重每个孩子的“不一样”

有一段时间，睡前我都会给小撒读一本世界著名的童话故事——《迈克·马力甘和他的蒸汽挖土机》。故事讲的是迈克与他的挖土机来到波波城的教堂，用一天时间为教堂修建了洗手间。他们夜以继日地工作，一直到太阳落山，洗手间终于建好了。

当我沉溺于作者美妙的构思和译者优雅的文笔时，小撒问：“妈妈，我发现故事少了一件天大的事情！”

我听了一愣，追问小撒发现了什么。他严肃地说：“洗手间修好之前，迈克和挖土机去哪里上厕所呢？”

我的脑子瞬间空白了。看着眼前这个认真的小男孩，我竟然找不到任何答案。“也许，他们不需要上厕所……”

小撒认真地否定：“不对！每个人每天都要上很多次厕所。”

我又想出一个答案：“也许，他们会借用别人的厕所。”

“不对，”小撒说，“书里不是说了教堂是孤零零的建筑，周围没有人住吗？”

“也许，他们可以找个公园解决，就像你小时候给小草‘浇水’……”我被逼无奈，最终编出这个荒唐的答案。

小撒满意地笑了起来，当他得到自己认可的答案时，就会出现这种心满意足的表情。然后，他自豪地说：“妈妈，我比迈克和他的挖土机更棒，因为我知道要去洗手间小便。”看着他可爱的样子，我松了一口气。这个小家伙简直是“十万个为什么”的代言人。从他问第一个“为什么”开始，我就像一个随时准备接球的运动员，要给他提供各种各样的答案。我也尝试着像育儿专家指导的那样，把一些问题反抛给他，但是他兜一圈之后，又会把问题绕回来。不依不饶，一定要我给出令他满意的答案。

像“迈克和他的挖土机如何上厕所”这样的问题，只是小撒“独立思考”的一个代表案例。我猜，很多小男孩都会像我儿子这样琢磨一些“不靠谱”的问题。这样的问题完全符合逻辑，又显得莫名其妙，但对孩子们来说是“天大的发现”。

为了帮助小撒学会自己思考，我又问他：“假如你是迈克和挖土机，有没有比随地大小便更好的解决方法呢？”

小撒想了一会儿，兴奋地说：“妈妈，或许我们可以先挖一个坑，方便完之后再把坑盖起来。这对挖土机来说简直太容易了！”

我冲他竖起了大拇指。他骄傲地说：“妈妈，以后我写故事，肯定会写得更好！至少，我会想到每个人吃饭、睡觉和上厕所的问题。”

……

我们合上了书，小撒闭上眼睛，准备进入梦乡。过了一会儿，他又接着问：“挖土机挖一个坑要多长时间呢？”

我说：“不知道，下次我们一起去问问挖土机的驾驶员吧。”

“那驾驶员住在哪里呢？”

“不知道，估计是在他自己的家里吧？”

“那他会搬家吗？会搬来和我们做邻居吗？”

……

小撒问着问着就睡着了。把他安顿好之后，我又仔细看了一遍这本书。的确，作者没有回答与上厕所有关的问题。这样的问题，大人们往往会自动将其忽略不计。但小孩子会抓住这个点不放，一定要搞清楚来龙去脉。

为什么小撒会关注这样的细枝末节呢？我想了想，大概是因为孩子更善良、更单纯、更热爱生命。他认为包括挖土机在内的每一个生命都是宝贵而平等的，都需要吃喝拉撒睡。所以，他认为作者一定要交代他们是如何进行这些活动的，最好再加上一句“他们过得很开心，他们的这一天简直是太棒了！”

小撒睡熟了。看着他天使般的面孔，我顿时觉得作家真不能小看这些小读者们。只有带着对每一个生命的尊重和呵护，关注每一个细节，带着爱、怜悯与好奇的人，才能写出更好的作品，才不会漏掉在孩子们看来“天大的事”。

小撒醒来，我们又继续讨论。我给他做了一张“爱的语言”的测试卷，结果显示他的“爱的语言”除了身体的接触之外，还有赞美的话语。那段时间，他在幼儿园的“午觉”和“解大便”，一直是让我感到困扰的事：每天午睡时，生活老师都会坐在小撒身边监督，即便如此，都无法让他入睡。为此，小撒苦恼地问我：“为什么我和别人不一样，别人想睡，而我只想玩？”

此外，小撒从小就习惯每天大便两三次，当他因频繁大便而使老师感到不耐烦之后，便越来越怕上厕所，甚至一度还出现了便秘的问题。我们再三跟他说“解大便不是做错事”，但他仍然很紧张，觉得自己是“臭孩子”，甚至还说自己“坏”。“如果我拉在裤子上，老师会凶我吗？”“我可不可以不上幼儿园？”……

我还特意向一位从事教育工作的同学咨询了这件事。他建议我阅读爱尔兰作家马丁·韦德尔著的《你睡不着吗？》，并让我从父母的角度自我反思。在这个温馨的绘本中，大大熊用一种平等的语气问迟睡的儿子：“你睡不着吗？小小熊？”“怕什么呢？小小熊？”……

在同学的帮助下，我反思自己对待类似情况时的反应。小撒每天睡得很晚，有时11点多了还没睡着，我们就催促道：“你怎么还不睡？”“你为什么不困呢？”“你睡得这么晚会影响到大人的休息，你知道吗？”绘本中的大大熊为孩子拿来灯，甚至抱他去看巨大的月亮和碎钻般的星星。这种对孩子“另类身体感受”的完全接纳，让孩子学会了接纳自己。而我之前却不允许小撒对“按规定睡觉、按规定大便”等规矩说“不”，我们还曾将他与别的小孩比较：“小朋友都睡了”“人家都是一天拉一次大便”……

这个绘本和相关辅导，让我明白问题出在我们自己身上。于是，我改变自己看问题的角度，尝试多问小撒几个“为什么”。用疑问句代替祈使句的方法，让小撒渐渐打开了话匣子。我告诉小撒：“很多孩子都有睡不着的时候，也有拉大便失常的时候。身体有时候会出现一些特殊情况，然而这并不代表别人可以嘲笑你。如果同学、老师、长辈因此而冷落、孤立或嘲笑你，你要勇敢地说‘不！’你可以告诉别人你的‘爱的语言’是鼓励、赞美的积极话语，你可以请他们给你加油。”

针对这件事情，我和小撒的老师进行了一次沟通：我真诚地表达感谢，也为小撒给她们增添的工作量而致歉。我请求她们在处理类似问题时，给予小撒一定的弹性。比如，允许小撒午睡时睁着眼睛、在床上悄悄翻身；要拉大便的时候，可以悄悄地去洗手间，不用举手报告等。渐渐地，小撒感觉到父母和老师对他的接纳，便秘问题也逐渐好转。然而，还是有被小朋友嘲笑的情况。

有一次，一个小朋友笑他是“大便王”，小撒鼓起勇气，照我教的方法，大声地对他说：“不，我不许你嘲笑我。我不是‘大便王’，我只是跟你们有一点儿不一样！你再说我的坏话，我就告诉老师！”果真，那个小朋友再也不敢嘲笑小撒了。

我很感谢“迈克和他的挖土机如何上厕所”这个问题，它帮助小撒意识到每个人的肤色、长相、习惯、爱的语言都是不同的，我们要学会站在别人的立场，体会他的感受，尊重每个人（包括自己）说“不”的权力。这些做法增强了小撒的自信，他不再唯唯诺诺，而是敢于表达自己的感受。

再举个例子：我表弟的女儿特别喜欢“挠痒痒”的游戏，于是，表弟以为全天下的小孩都喜欢这个游戏。每次他到我家，都会抓着小撒挠痒痒。每次，小撒都发出夸张的笑声，甚至笑得上气不接下气。

有一天，小撒告诉我：“我喜欢妈妈给我挠痒痒，但是我不要被叔叔挠痒痒，我好讨厌这样。”我大吃一惊，我一直以为小撒在被挠的时候很快乐。没想到小撒竟然说：“笑是我控制不住的，其实我很想哭，很害怕……”

我问他：“你为什么不告诉叔叔呢？”

小撒说：“我怕我说了，叔叔不带我踩蟑螂（一种投币的儿童游戏）怎么办？”

我告诉他，有礼貌地拒绝不会惹怒叔叔，更不会影响你们之间的关系。我鼓励他下次叔叔再挠的时候，先躲开，然后坚定地说：“不！”

后来，每当叔叔再来家里做客，小撒就会故意和他保持一定距离。当叔叔伸手要抓他时，他马上躲到我的身后。然后，他对叔叔说：“我不喜欢你挠我！”叔叔很吃惊，不过还是尊重了他的想法。饭后，叔叔又照例带他去“踩蟑螂”了。

从这件事情上，小撒学会要明确表达自己心里所想的"不"。同时，我还引导小撒，如何讲得更委婉一点儿，比如告诉别人你的感觉"我会很痒的""我会很害怕""其实我不喜欢这样"等，而不是直接指责，或是抱怨别人做错了什么。

教孩子合宜地说“不”

在多年的心理咨询工作中，我遇到过很多成功却不快乐的人。他们有着高学历、高收入、好人缘、好口碑，却都觉得自己活得既不真实又不安全，像戴着面具一样。当我了解了他们的成长经历后，我发现这些人在他们的童年时期都被父母教育得很“乖”，他们没有机会说“不”，也没有培养起为自己划定界限的能力。

我从中感悟到：**父母教孩子说“是”，是培养孩子顺服与秩序的关键点；教孩子说“不”，则是赋予孩子自由与界限的关键点；教会孩子用合宜得体的方式说“不”，是教导孩子礼仪和情商的关键点。**

这三个方面，作为家庭教育的重要切入点，应该相辅相成，均衡发展。

所以，我们教孩子说“不”的前提是，孩子已经在健康（如吃饭）、卫生（如刷牙）、责任（如上学）等方面学会了说“是”。这样，我们赋予孩子说“不”的权力，就不是纵容孩子的任性，而是尊重孩子的感受，给孩子真正的自由。具体操作时应做到因人而异。

权威型的父母们要反思：当孩子说“不”的时候，我是否会一味地否定和打压？当孩子觉得某些人的身体碰触（特别是长辈和熟人打招呼的方式）令自己讨厌的时候，我是否觉得孩子太夸张、太敏感、太孤傲？孩子是否不太敢说“不”，或者他们已经习惯了压抑自己。

如果你是这样的父母，可以多对孩子说“疑问句”。比如：“你的感觉是什么样的？”“你这样想一定有你的道理，告诉我好吗？”父母们要记住：不要随便否定孩子的感觉。无论孩子的感觉听起来多么奇怪，都有其存在的理由。倾听他们的感觉，鼓励他们描述自己的感觉，是建立亲密关系的钥匙。

民主型的父母们也要反思：孩子一说“不”，我是不是就让步呢？我有没有为孩子说“不”设立一定的界限？我有没有教孩子尊重别人说“不”的权力？我曾见到一个很会自我保护的小女孩，却喜欢掀别人的裙子，并以此为乐。显然，她的父母没有教会孩子尊重别人的身体自主权。民主型的父母常会容忍孩子用不恰当的方式说“不”。比如打人、骂人、不礼貌、歇斯底里等。父母要引导孩子考虑别人的感受。对此，我们可以教孩子理解别人与自己的不同之处，学会礼貌地、智慧地、充满感恩地去拒绝别人。

父母是孩子最好的老师。父母每天都要面对孩子各种各样的“无理要求”，父母拒绝孩子时的反应就是孩子学习说“不”的模板。如果我们能坚定地表达立场，同时怀着一颗同理心倾听孩子的感受，耐心地告诉孩子自己之所以说“不”的原因……那么，孩子就会从中明白他（她）日后该如何对别人说“不”。

在家庭教育中，自由与规矩、授权与界限、爱与管教应该是共存的。父母找到最佳的平衡点，并且言传身教，就一定能培养出乐观善良、勇敢坚定的孩子。

小撒刚上一年级的时候，因为动作慢总被老师批评，同学们给他起了一个“拖拉机”的外号，小撒还傻乎乎地觉得好玩。

在家里我会用各种方法训练小撒和时间赛跑。我的信任让他意识到自己不是“拖拉机”。我还会和他一起设定细化的生活目标，改变闲散的生活习惯。比如，帮助小撒把每周所做的事情统计成表，把零碎时间统计起来，把有效的时间加以利用，做到“今日事，今日毕”“凡事有章法，时时有事做”。

而且，我们一起设立了“晨读”目标：第一周克服赖床迟到的习惯，第二周早起10分钟，第三周再早起10分钟，逐渐类推，如果表现得好，我还会给予他相应的奖励。

再比如，我还会训练他“大人召唤就帮忙”。我将家务以难易搭配的原则分配给孩子。第一周每天让他做一件简单的家务，第二周将这项家务固定地分配给他，第三周让他做一件有挑战性的家务……就这样，他不仅养成了良好的生活习惯，当别人用贬损的语气说他时，他也能理直气壮地反驳：“反正你说的不是我！”

“五分法”，培养干净整洁、勤劳有趣的孩子

古今中外，在成功人士的身上，我们往往能看到这样一些特质——勤劳能干、干净整洁、努力上进、风趣幽默等。而具有这些品格的孩子，更容易受到老师的青睐，在职场会获得更多的机遇，建立并维持幸福美满的家庭。父母既要以身作则，为孩子树立好榜样，又要像睿智冷静的教练，监督鼓励，培养受欢迎的孩子。

这里我介绍一种简单易行的方法——五分法。所谓“五分法”，就是将一件事情分成不同的部分，父母只做其中的一部分，把其余的部分留给孩子来完成。随着孩子自己能做的部分逐渐增多，他们会变得越来越自信，最终学会独立完成类似的事情。

接下来，我就具体讲一下“五分法”的操作步骤。每当我想培养孩子的一项能力时，我都会把这件事情分解成许多个部分。比如，穿衣服就可分为以下几步。

第一步，拿起上衣，分清前后。

第二步，将袖子的上开口对准一只手，穿进一只袖子。

第三步，把另一只袖子从后面拉到合适位置，将另一只胳膊伸进袖子。

第四步，双手一起拉上衣前面两边，对齐衣服底边，然后穿入拉锁或扣好中间的那颗扣子。

第五步，向上提拉锁或扣其他的扣子。

小撒开始学穿衣服的时候，我就这么一步一步地演示给他看。然后，我做好前四步，把第五步交给他做。他第一次学扣扣子的时候，特别不情愿。扣了好久都扣不好。于是，我解开玩具娃娃的纽扣让他练习，当他扣好之后，我们就立即鼓励他。渐渐地，我会鼓励他做更多的环节，两周后，他便学会了全部的步骤，能给自己穿衣服了。

“五分法”不仅适用于教小撒自己穿衣服，还适用于他耍赖偷懒的时候。小撒3岁的时候，进入了“叛逆期”。他明明早就学会了穿衣服，早晨却偏偏赖床，非得等大人给他穿衣服。他不肯自己吃饭，喜欢别人追着喂，甚至连走路也要大人抱着。一方面，我坚持原则，告诉小撒力所能及的事情是他的责任；另一方面，我最多只做五分中的一分，把其余的部分留给他。比如，他早晨起来不愿意自己穿衣服，我就把衣服套在他的头上，然后就去忙别的。小撒自然会反抗，但我仍然坚持原则，让他把其余的步骤做完。

当然，我也会经常鼓励他，比如“你和妈妈比赛，看谁穿得快。”“你洗的这只袜子，比我洗得干净啊。你真厉害！”

“五分法”还有一个意义，就是培养孩子的自理能力和动手能力。小撒上幼儿园后，老师经常会和孩子们玩舀花生米、夹衣架、做元宵、穿珠子、扣纽扣、开瓶盖等游戏。放学回到家，我也会给他找一些类似游戏，只是难度上会更大一点儿。比如，小撒在学校里学了在蝴蝶形的膜片上绕毛线。回家后，我就找了一个锯齿形的圆圈纸板，让他在上面绕毛线。小撒绕了几次都不成功，我就在征得他的同意后，做了一个示范。小撒想在我绕好的几圈上再绕下去，被我拒绝了。他只能从头开始，照着我的做法努力了好几次——这就像健身训练中的“体能训练”，一点一点地增加难度，既能提高能力，也能提升自信。

在这个过程中，父母不能被孩子的软磨硬泡或发脾气给难住，不能心软，既要坚持原则，又要亲切和蔼。同时，父母一定要有耐心，不要指望孩子一下子就能把“五分”全都做好。事实上，孩子只要每隔一段时间进步“一分”，便要立即给予鼓励。让孩子觉得他的“小巧手”不但能够完成老师布置的任务，还能够超出老师的期待。

小撒最喜欢《巧虎》中的一首插曲——《我是小帮手》，每次，他都会一边哼唱着“我是小帮手，我是小帮手，嗨哟嗨哟，嗨哟嗨哟，我不怕累！”一边帮忙做家务。比如为大家洗水果、分发碗筷；大人扫地时，他会主动帮忙拿簸箕；大人晾衣服时，他会帮忙递衣架；他会为长辈捶背按摩。看得出，他在做这些事的时候，心里是非常快乐的。

很多时候，很多父母习惯为孩子包办一切，然而，这种做法不仅丝毫得不到孩子的回报，而且孩子也感觉不到爱。在现代家庭中，许多独生子女都存在动手能力差的问题。父母怕孩子浪费时间，或自信心受挫，便在不知不觉中变相地“剥夺”了孩子的动手机会，还误以为这就是在爱孩子。

甚至，在一些家庭中，父母、保姆、祖父母还争着为孩子提供“全方位服务”，结果导致孩子出现依赖性强、自理能力差和挫折承受力低等问题。如果父母能够转变思维，用恰当的方式培养孩子的自理能力和动手能力，并且坚持原则，不怕麻烦，那么孩子的进步往往会超出父母的预料。

“五分法”也适用于三代同堂的家庭。因为对于长辈来说，一下子放手或刻意培养孙辈的自理能力，是一件很困难的事情。但是“五分”，或者“三分”，就为他们一步步地放手、让孩子一点点地成长提供了基础。随着长辈看到孩子的改变，他们也会更加放手、直到完全放手。

“五分法”也是一种健康的父母心态。当你的孩子在某一件事上一直让你不满意的话，不妨将这件事情拆分为不同的步骤，鼓励孩子从一点点的进步开始，直到学会这件事。当父母看重并鼓励孩子的每一步成长，并且珍视孩子每一个小小的进步时，孩子才会更加自信、更有能力。

第五课

“爸爸，这个叔叔怪怪的”

——教孩子识别并远离障碍型人格的“朋友”

◆◆◆

在每一个时代、每一个国家、每一个集体中，都有一些障碍型人格的个体存在。社会要接纳他们、教育他们、关爱她们。但是，我们要让自己孩子知道有些小伙伴的原生家庭不幸福，或是从小受到了某种伤害，或是曾经历天灾人祸，最终导致他们的人格有一些障碍。这种障碍，需要很长时间才能克服。但是，这不是你的责任，你如果跟他相处感觉怪怪的，或是总是会付出很多、会被抛弃、会受伤……这些信号，是提醒你要暂时疏远他们。只有你获得知识与智慧，心灵发育得更成熟之后，你才可以更好地帮助他们。在此之前，你的第一任务是自保。自我保护并不是自私。

甄别操控性朋友

我遇到过一对苦恼的父母，由于工作原因，他们搬入我所居住的城市。那一年，他们的孩子小勇也随父母转入当地的一所公立学校，成为一名初一学生。在新的环境中，原本性格就有点内向的小勇几乎没有什么朋友。在同龄人的社交中，他总是表现得十分小心翼翼。后来，一个名叫齐伟伟的男孩主动接近他，表现出想跟他做好朋友的意思。齐伟伟成绩中上、聪明能干、性格开朗，很爱说话。很快，小勇被齐伟伟吸引住，经常跟他一起玩。他们性格一快一慢，竟然也很合拍。

齐伟伟跟小勇互送过生日礼物，一起去自修，一起上英语兴趣班。对这种礼尚往来和学习性活动，小勇的父母很支持。学期快结束时，齐伟伟经常打电话向小勇请教问题。渐渐地，小勇妈妈发现齐伟伟是个“很黏人”的孩子，她的直觉认为这种“黏”代表着不太健康的人格。

单亲家庭的齐伟伟羡慕小勇家的集体出游，这固然可以理解。然而，在玩过几次之后，他经常跟小勇说：“我好想再跟你们一起出去玩！”他的这种有意无意的暗示，让小勇感觉假如不带他一起玩，就有一种莫名的负罪感。

然而，每当孩子们一起出去玩时，齐伟伟并不会主动AA制（他妈妈早就给了他钱，并且跟我们约好一定要各付各的费用）。这一点也引起了小勇妈妈的注意。她发现，这个学期小勇对零用钱的需求越来越大。每次当她追问小勇钱都用到哪里了，小勇总是支支吾吾。原来，小勇和齐伟伟在一起时，总是他买单，甚至齐伟伟看中的文具和零食，也都“理所当然”地让小勇付钱。

妈妈问小勇：“你觉得这样做正常吗？”

小勇理直气壮地说：“你不是说男人要慷慨吗？这点小钱，何必计较呢？”

妈妈严肃地说：“慷慨是一回事儿，若是有人总要别人对自己慷慨，那就是另一回事儿！”

从成年人的理性来判断，小勇与齐伟伟的关系是不平等的、操控性的，甚至可能存在着某种意义上的威胁与恐吓。为了搞清楚这件事，这对夫妻找到小勇的班主任。班主任坦言说：“齐伟伟的确是个有些心理问题的孩子。他喜欢跟新生和插班生做朋友，但是友谊很难维持长久。经常有家长反映他爱贪小便宜、爱操控别人，会让自己的孩子远离他……”

原来，齐伟伟的妈妈是一名会计师，她在离婚之前曾遭到家暴，耳濡目染父亲的暴力行为，齐伟伟幼小的心灵受到了严重的伤害与刺激。父母离婚后，齐伟伟变得爱发脾气，缺乏自我约束力，他总是追求刺激，经常一天换好几身衣服，把自己打扮成各式各样的超人、英雄、外星人。而且，齐伟伟一直在接受心理辅导师的治疗，虽然他的情况有所改善，也在努力融入集体，然而心理总有阴霾笼罩。班主任颇为无奈地说：“作为老师，我们也很为难。”

最后，老师说：“很多孩子的问题，其实源于家庭和社会，心理专家都没办法完全解决。他没有在学校里‘发作’，我们就不能让其他孩子孤立他，不能让他变成‘孤家寡人’。但是，我也非常理解你们做父母的感受。孩子在青春期，需要健康、阳光的同伴。如果孩子接收的都是负能量，那就要跟齐伟伟保持距离！”

经过与班主任的沟通，小勇的父母对这件事已经很笃定了。他们认为齐伟伟存在一定的人格缺陷和精神障碍，小勇不宜与其交往过密。然而，随着孩子的长大，难免会接触各种各样的人群，他们不可能永远帮小勇来选择朋友。况且小勇渐渐进入青春期，对于交朋友的事情，他们想应该以引导为主，要避免粗暴干涉。所以，他们带着小勇到我这里来接受咨询，希望小勇能够提高对各种精神缺陷者的认识，辨别出不适合交朋友的人群，与其设立一定的界限、保持一定的距离。

在咨询中，我陪小勇看法制频道中的《纪实》栏目和《心理分析》栏目，还在网上观看英国犯罪与调查频道的《怪物是怎样形成的》栏目。而且，我们还在相应的问卷部分对齐伟伟进行了评分与统计。经过一番计算，结果就显得很清晰了——小勇倒吸了一口冷气，原来自己交错了朋友！

在与齐伟伟的友谊中，小勇一直感觉有些不太对劲儿，但他表达不出来。他感觉自己受到胁迫，不开心，失去自我，但又不知道如何处理。小勇跟我说：“我觉得齐伟伟是个自信满满、令人愉快、花言巧语的健谈者，但他说的那些奇闻逸事经不起推敲……他在受到批评和挫折之后容易失去控制，脾气暴躁……他的自负让他永远不承认自己有错，只是责怪其他人和事。有时候他发起火来，甚至还会威胁我！”

认清事实之后，如何智慧地冷却这段关系？这是我要帮助小勇思考的问题。我建议他趁着春节，在老家过年的日子，对齐伟伟短信不回、电话不接、微信拉入黑名单。随着开学的临近，小勇忐忑不安，他很怕面对齐伟伟，毕竟是同班同学，故意逃避或生疏会显得很尴尬。况且，小勇是那种性格温和、非常看重感情的孩子，甚至因此一度产生“转班”和“转学”的念头。我一直在辅导小勇，教他如何与人设立界限。

有趣的是，齐伟伟很快就有了新的“交友目标”。他跟班上这个学期新来的插班生交往密切，并迅速建立了“友谊”。在向小勇几次借钱未果之后，他就不怎么跟小勇打交道了。这种“薄情”的态度让小勇倍感受伤。不过，跟齐伟伟的关系疏远之后，班上其他男同学却接纳了小勇。这也让小勇学到了一门功课——进入一个新环境后，最好默默地观察一段时间，再与其他人建立亲密关系。

在这个过程中，齐伟伟的妈妈多次向小勇的父母道歉，还偿还了小勇借给齐伟伟的钱，并希望大家可以维护齐伟伟在同龄人心中的形象。这位坚强的妈妈知道儿子有心理问题，但一直没有放弃他。她一直在积极帮助孩子寻求医治，并且用爱与接纳软化着齐伟伟的心。小勇与他的家人都相信：齐伟伟一定会因这份伟大的母爱而有所改变。

小勇还跟我说："虽然我现在能力有限，必须远离'索取型朋友'，但是我将来要做一名心理医生。到时候，我就可以真正改变他们了。"我为小勇的善良与智慧感到自豪！

如何辨识反社会型人格的人

我曾帮助过一个名叫建安的小男孩。他读小班时，幼儿园就建议孩子“转学”。

建安看起来就像个坏孩子的代表：有一次，吃点心的时候，建安吃完还想要，被老师拒绝了。于是，建安生气地往老师的托盘里吐口水，并大声地说：“我得不到的，别人也别想得到！”当老师将他拉开的时候，他一脚踢翻了桌子，小朋友的盘子都掉在了地上。

类似这种事情还有很多，这些足以说明这个孩子是多么的自我和霸道。而事实上，他之所以会这样，跟他的家庭有一定的关系。

建安的妈妈婚后一直不孕，做试管婴儿失败两次后才有了建安。可想而知，他一定是家里人人宠爱的“小皇帝”。不但爷爷奶奶、外公外婆溺爱他，妈妈更是对他唯命是从。这造成建安的控制欲和求胜心特别强，如果大家不按他的想法做事，或是玩游戏输了，他就会用打人的方式来宣泄。看到他肆无忌惮地打人，父母想管教他，长辈却说：“这孩子得来不易，你还舍得打！”

每次建安出去玩，爷爷奶奶总会带很多零食。当建安打人或是抢东西时，他们就用零食来安抚受欺负的小朋友。上幼儿园后，这样的事越来越多。长辈习惯了登门道歉，回来也只是口头警告，还向建安的父母隐瞒这些事。直到幼儿园老师建议建安转学，老人这才意识到问题的严重性。

幼儿园最终做出了“留园察看”的决定，所以建安的父母也带着建安和爷爷奶奶一起来接受咨询。

从大脑的构造与功能的角度来说，每当孩子做出反集体的暴怒行为时，他的右脑情绪就会处于剧烈的波动状态，缺乏左脑逻辑性的平衡。面对这样的情况，很多父母常常跟孩子错误的逻辑较劲，想说服孩子意识到问题的症结所在。然而，父母越是用合乎逻辑与理性的左脑式反应，就越容易激怒孩子，结果亲子之间拉开了一道深深的鸿沟。

为什么这两种反应是错误的呢？因为当孩子愤怒、不可理喻、歇斯底里的时候，正是他大脑的杏仁核乱发警报的时候。孩子正处在右脑非理性的负面情绪洪流中，左脑负责逻辑与理性的功能几乎丧失。

如果父母再用左脑反应来跟孩子讲道理、谈逻辑，孩子就会觉得父母不理解他或者不关心他的感受。那么，父母应该怎么做呢？父母要认识到：失去理智的孩子此刻要度过一个情绪点。这时候，孩子犹如一艘在惊涛骇浪里行驶的小船，需要冲过情绪的骇浪直到风暴过去。所以，父母先要给予共情、聆听、关注，让孩子感到被理解，然后再去尝试理智地解决问题。

我教建安父母一种ASK策略——Ask，询问；Smile，微笑，表示接纳；Kiss，亲吻，表示爱。

妈妈把建安拉到身边，一边抚摸着他的后背，一边安慰地说："你很难受，对不对？但你是知道的，我们永远不会忽略你的。你要明白你对我们来说是独一无二的。你能不能告诉我你的感觉呢？"

接下来，妈妈就要使用"Smile微笑"的策略。她看着建安，用温柔接纳的眼神帮他慢慢放松下来。建安明显地感觉到妈妈在倾听、关注自己。最后妈妈亲了亲建安。当然，并不是每个父母都习惯亲吻这种方式，带着关爱的其他方式的身体接触，也能够避免与孩子的负面情绪进行对抗。

父母好比一位救生员，在告诉孩子下次不要到深水区游泳之前，你需要先游向他，抱住他并且帮助他上岸。当孩子淹没在右脑情绪的洪流中时，"ASK"策略就像一个救生圈，可以保证孩子的头先浮出水面，避免你被他的负面情绪拉下水。等孩子恢复了平静，大脑更加理性后，我们再使用左脑的逻辑和规则，理性地讨论他的感情表现和行为底线。

建安睡一觉后几乎忘记了昨晚的事情。妈妈却在一顿美味早餐后要跟他谈一谈。这时候，建安的左脑功能恢复，可以反思并且吸取经验教训，此时立规矩也更加有效。妈妈对建安说："我理解你发怒的时候，大脑不受自己的控制。但是我不能允许你失控时就把基本的礼貌与行为规范全部推翻。当你下次举止不敬、伤害他人、乱摔东西的时候，我会制止你的破坏行为。"

接下来，当建安做"损人利己"或者"损人也不利己"的事情时，妈妈就要坚决制止，用他最害怕的"坐惩罚凳"和"没收玩具"等方法来惩罚他。妈妈还可以给他读《赢不是一切》《手不是用来打人的》《语言不是用来伤人的》等儿童绘本。通过讲故事的方式，引导建安知道"赢"要有哪些底线——比如公平竞争、不打人、不伤人、不损害公共利益……

针对孩子的"暴力倾向"问题，除了严加管教，我建议他们用"养蚕"的办法化解孩子的戾气。

蚕的身体很软、很弱小。建安在给它们换桑叶的时候，必须轻手轻脚。他稍微不留神，就会让蚕"死于非命"。从一个黑黑的小卵，到白胖胖的蚕虫，建安意识到陪伴生命成长的惊喜与不易，他的爱心和细腻也同蚕宝宝一起长大。虽然，他偶尔还是会发脾气打人，但是当爸爸妈妈提醒他"要向小朋友真诚地道歉"时，他不再是敷衍地说一句"对不起"，而是真诚地给人家吹一下，或是揉一下。

建安的故事给了我们一个重要的启示：**不论孩子的负面情绪在我们看来是多么的荒谬和不可理喻，它们在那一刻对孩子来说都是真实且重要的，我们应该以同样真诚和重视的态度做出回应。**也就是说，当孩子的右脑掀起惊涛骇浪，左脑功能不受控制的时候，逻辑与理性往往起不了很大的作用。这时候，我们要教育孩子"避一避""找大人帮忙""远离一阵子"。

因为一个孩子是无法面对另一个孩子内心的惊涛巨浪的！事实上，有一小部分孩子天生就具有攻击性，有反社会的心理特征。而像建安这样的孩子是幸运的，因为他的父母明事理，也懂得寻求专业帮助。经过一段时间的严格管教和悉心陪伴，建安改变很大。老师反映说，建安身上唯我独尊、自私自利的毛病有了明显的改善。

但是，仍然有不少像建安这样的孩子没有得到及时的矫正。反社会的心理逐渐养成了一种人格，在这种情况下，他们很容易伤害到身边的同龄人。我们要教育孩子有识人之明，远离有这种性格的朋友。

不断换闺蜜的女孩

小薇是一个10岁女孩。在学校跟同龄女孩接触过程中，她总给对方暗示，让人家觉得她要成为对方的闺蜜。但是，友谊建立不久，她就戏剧性地将人家"抛弃"，再寻找新朋友。

小薇在与闺蜜相处中，表现出特别黏人与慷慨。一旦翻脸，她又冷酷无情，伤害别人的心灵。她换了好多闺蜜，有点"声名狼藉"。为此，很多同学不愿意跟她来往。由于没有朋友，小薇闷闷不乐，甚至厌学，并有抑郁的倾向。

小薇妈妈带她来寻求我的帮助。这位眼神黯淡、身材发福的女性说胃溃疡、腰痛和颈椎痛困扰着她。她丈夫是一家企业的工程师。外人眼中理智冷静的他一回家就变成"暴君"。他喜怒无常，心情好的时候很会营造浪漫；心情不好时甚至将妻女逐下车，自己扬长而去。从小薇妈妈的描述中，我隐约意识到问题所在——爸爸威胁、批评、命令、呵斥、贬低等方式让家人们失去判断的标准和平衡的力量。这种环境下长大的孩子，经常把"发怒"与"真爱"结合起来，至少认为两者有先后顺序。

在对小薇的辅导中，她坦言自己的感受："爸爸不高兴的时候他把所有东西都摔到地上，让妈妈去捡。我看到妈妈一边捡，一边哭，又不敢发出声音，身体一直发抖。那一刻，好像世界末日快要来了……我感觉如果妈妈没办法保护自己，她也没办法保护我。"

咨询过程中，小薇总说："我爸从来没有爱过我。每次我考砸、钢琴比赛没得奖的时候，他都说他不再爱我……"

原来，小薇的爸爸家教严格，认为"孩子在受到伤害和挫败时表现出痛苦，就是懦弱、没出息"。他用"爱"作为对孩子的奖励，用"冷漠和不爱"作为鞭策孩子的动力。爸爸严苛的教育方式让小薇觉得：如果我感觉不好，那是因为我真的不好；如果我需要安慰，那就很丢人，别人完全有理由来拒绝我。

渐渐地，小薇养成了不流露感情的习惯，每次失败或难过时，她都呵斥自己："真没出息！怪不得爸爸会讨厌你！"

小薇爸爸始终拒绝接受辅导，他坚持认为女儿没问题。在这种情况下，我们只能想其他的办法让小薇重拾自信，强大起来。我建议小薇将爸爸给她的负面论断和评价都写成标签。将每张标签做上详细的备注。比如爸爸总说她："做事没效率""拎不清""智商低"……但当她把这些标签与相应事件写在一起的时候，就发现这里面存在逻辑错误，根本对不上号！

我让小薇用另外一组颜色的标签纸写上别人（公允客观的第三方：比如邻居、老师、同学）曾对她的正面评价。小薇发现，这组标签与爸爸的截然相反！她意识到：“爸爸对她的种种评价，不过是几张背后有不黏胶的标签纸而已，根本不能反应她真实的样子。”这种可笑的标签纸之所以成为“压死骆驼的稻草”，是因为爸爸持之以恒的喋喋不休。

所以，小薇需要在脑中用“正面的标签”建立一座城堡，想象每个正面的评价都是一块砖、一片瓦。我让她承诺：每一天都要确保脑海中这座城堡的存在，并让它越来越牢固。当爸爸对她说负面话语的时候，将他的贬损话语想象为“敌人射来的火剪和乱投的石头”，相信这些无法击穿城墙，无法伤害到她一丝一毫。

小薇越照着去做，她越是发现爸爸的指责与别人对她的评价形成越鲜明的对比和反差，就越让她找到自信，她兴奋地说：“一次，爸爸又为很小的事情向我发火，骂我是‘将来连做保姆都没人要！’我立刻在脑海中想象那座积极正面的城堡……最后，我惊讶地发现：我不用让这些话往心里去！”

为带小薇妥善处理受伤害的感受，让压抑已久的愤怒流淌出来。在咨询之外，我们建议她学习网球、壁球、搏击操等略带攻击性的运动，能够适当发泄身体的紧张与愤怒。

回到小薇不断“换闺蜜”的事上来，这是一种“依恋上瘾”的典型表现。正如美国心理学博士苏珊·福沃德在《抑郁的爱——当爱情变成一种压抑、折磨、虐待》一书中所写：

如果要从一个个人那里建立亲密关系才能平静恐慌，那么这种情况就与药物上瘾者的习惯是一样的。只有找到根源，才能彻底摆脱瘾症。

小薇看到父母互动的方式是——爸爸暴怒，妈妈就紧张、哀求、道歉，最后两个人和好，爸爸心情好时营造一些浪漫的气息……这让心智尚不成熟的小薇产生困惑与误解——亲密关系似乎必须起承转合、起伏跌宕，像电视剧一样虐心和浪漫。这种错误的认识，导致小薇不断寻找闺蜜。她对亲密友谊中戏剧化的场景有所期待，但又怀着警惕之心，随时都会情绪化地闹别扭、割断友谊。

要帮助小薇彻底摆脱对闺蜜的“表演性上瘾”，就要教她如何处理情绪。我们使用了一个表格法，让她尝试着将绝望、空虚等负面情绪转化为可解决的问题。如表所示。

负面情绪	问题
我再也不可能有朋友了。	我要如何说话温柔一点，用不伤人的方式表达对朋友的要求呢？
我是失败者，考试发挥不好，我一生完蛋了！	我需要怎么样利用暑假时间，一步步提高成绩呢？
她不愿意做我的闺蜜，我好失败！	我要成为一个管理好自己情绪的优秀女性，然后，我会吸引人来靠近我。
没人理解我，我好寂寞啊！	我要如何交到真诚的朋友呢？我要如何成为一个忠诚可信的好女孩呢？

小薇家人传递给她的是左边一栏中怒气、绝望、歇斯底里、互相批评攻击等负面的情绪。所以我们训练她摁下"思考停止键"，打破自我责难的思维习惯。就是在意识到自己在有这些负面思想的时候，将思想当作拟人化的对象，并斥责这些负面自责的想法与声音。比如，"我不需要自我定罪！""自责对我的生活毫无用处，请你滚蛋！"……

我训练她使用"美好的想法和舒畅的感受"来代替这些糟糕的想法与感受。比如，让她畅想去某个天堂一般的地方旅游的经历、看到一场美丽的日出、小时候跟爸爸特别融洽幸福的时刻……小薇努力回忆这些时刻中的感官感受和内心状态，回忆起来的细节越多，记忆就越真实，就越能感到内心力量胜过负面的想法。

多次训练之后，小薇可以直视内心的消极感受，并用积极的思想与感受去替代这些消极思想。当小薇个人的价值与自信逐步建立之后，她的内心不再如惊弓之鸟，渐渐有了内在的力量！她学会好好与自己相处，就不那么迫切地寻找闺蜜了！

对小薇心灵的疏导与重建工作同步进行，小薇妈妈也接受心理援助。在大家一起努力之下，小薇逐渐从"依恋上瘾"中走出来，她也在新的兴趣班中有了一位新朋友。在经营这份友谊过程中，她更加沉着、克制、独立、自爱，不断在进步着。

总在你身上找优越感的朋友，不可交

上海某重点小学五年级的小善（化名），是同学眼中“死用功”的书呆子！她一直交不到朋友，是因为总会跟人家比成绩，在同学身上找自己的存在感。一天，小善父母在无意中看到她写在草稿纸上的“咒语”。她咒诅自己、仇恨自己，流露出自杀的倾向。同学们对她负面的评价与话语，她都记账一般写下来。

家长们通常认为好学的孩子一定有强大的内心。事实上，这样的孩子为迎合父母的期待而努力，渐渐丧失自我，通常活得很不真实。在爱学习的背后，潜伏着抑郁、空虚、自我疏离与对生活的漠视。

小善的情况极具普遍性。很多人际关系差的“学霸”都存在这种心灵痼疾，以致在特定的时期会表现出不堪一击。在新闻报道中，考入大学的某学生因为学费被骗而忧伤猝死；14岁的长春“十佳少年”周晓旭因为过度疲劳而脑出血死亡时，床头还贴着“永远胜利、战胜自我、成功！”的字条……诸多的悲剧不胜枚举。很多学霸在求学阶段平步青云，长大后在职场上也非常优秀，然而内心始终不快乐。“妄自尊大”和“抑郁症”便是这样的孩子在成年后两种极端的人格表现。

在与家长的咨询中，我帮助小善家长意识到——乖巧懂事、努力上进的孩子，其学习的动力是带着人性温暖的自我实现、自我完善，还是病态的完美主义或自我强迫，这是有天壤之别的！

我建议父母不再那么苛刻严厉、放下对她的要求，经常表达对她无条件的接纳与关爱，让她感觉到自己不需要用做父母所期许的行为去“赢得关注”；更不需要用学习成绩去“换取被爱”。

与小善的协谈中，我拿出一个心脏的立体模型告诉她说：“每个人的内心都有封闭的，甚至连自己都不知道的密室。密室里有很多我们压抑着的感觉与经历，这里面几乎有一个人童年悲剧的所有道具。”我告诉她，提高学习成绩的方法，不止是时间管理、死记硬背、错题摘录等；还包括一项最重要的技巧——学习与“真实的感情和真正的自我”进行沟通。

我让小善在安静音乐和环境的调节下，闭上眼睛深呼吸，逐渐进入自己的内心世界。我提供给她能刺激感觉意识的话语，帮助她缓解焦虑。我让小善想象穿越时空来到童年。伴随着音乐，小善在我的带领下驾驭着飞翔的幻想，向我说出自己看到的画面：

“我看到两个房间。一个悲哀的灰色房间，爸爸妈妈坐在里面。还有一个快乐游戏的红色房间，我和弟弟在里面玩……”

我将手掌放在小善的手心上，让她想象爱的能量从她心中倾泻出来，顺着胳膊流进她的双手，引导小善在想象中进入公主小屋、属于自己的城堡、天使之家等想象中的地方，减轻小善的压力与痛苦。

……

当小善在柔和的音乐中进入自己内心之后，她体会到母亲是一个“要求很多、难以被取悦、控制欲很强、易怒、顽固”的人。母亲所到之处就释放出灰色的脏东西，小善终于哭了起来，表现出对母亲很大的愤怒。长期以来压抑在她内心的感觉爆发出来……

她感觉并且倾诉父亲对自己的压力。作为军人的父亲，经常要她坚强，手割破了不许哭，去医院打针不哭的时候总能得到奖励。父亲以“女儿像个女汉子”为荣，以至小善每次遇到难题或是考试快结束的时候，脑中浮现出的都是父亲坚毅紧绷的面孔。

在这个治疗心灵的过程中，我告诉小善：“有时候家长会犯错，会伤害我们。这不是因为他们不爱我们，而是他们在小时候也没有得到爱和理解。我们要饶恕并原谅他们。”

我教小善平时使用“量尺觉察”的心理学工具，来进行自我评估，觉察自己的情绪状态并给自己释放压力。我给小善一把刻度从1到10的尺子。每次咨询的前后，都让小善为自己的心灵状态打分。越靠近10分表示心情越好。小善觉得咨询之后心里的大石头被搬开了，分数从2、3分直接升到10分。

我说：“你可以成为自己的心理老师，对自己进行觉察、辅导与调整。”

我跟小善一起寻找、写下并且总结那些可以让心灵分数提高的方法，比如"听一段音乐、小路上散步、深呼吸，跟弟弟玩一会儿"等等。

我给小善一张"心灵状态表格"，要求小善每次课间十分钟时要用量尺给自己的心灵打个分，并且填写在上面。如果分数低于3分，则不要再继续学习，而是去做一些放松的事情。然后重新给心灵打分，并且填写表格（包括使用了哪一种方法提高分数、使用这些方法之后的心灵状态是几分等）。

"量尺觉察"特别能帮助小善这种习惯于自我压抑、自我否定的孩子。小善在一周后交上来的表格明显反映出她的进步。我跟她一起思考改进的办法，帮助她自我澄清，增强对自己心灵的觉察与关照。

在半个学期的持续性咨询接近尾声时，小善不但精神状态大有改善，学习成绩也大大提高。怪不得心理学家们都认为"精神压抑会严重影响孩子的智力发育"。更让人高兴的是她交到一个好朋友，而且她不再跟好朋友比成绩了。

孩子，为了安全，你可以合理怀疑其他人

儿童的安全问题是全社会所关注的问题。我们要意识到：安全的最终责任人是家长，家长们要为孩子撑起那一把最牢固的保护伞。每一个家庭都要主动承担起保护幼儿安全的责任。具体来说，一方面要持续对孩子进行全面系统的安全教育；另一方面也要在日常生活中多沟通、多观察，防患于未然。

据调查，美国1/4的女孩和1/6的男孩曾受到过性侵。这些儿童平均遭遇性侵的年龄是9岁，93%的性侵者跟孩子认识，47%的性侵者是家人或熟人。所以，美国从幼儿园就开始进行性教育，中学的性教育话题更是涉及性成熟、性约束、性魅力、性病、性交易、性变态等，并向学生发放避孕套。

幼儿园进行性教育的方法颇为直接，老师像谈论萝卜、白菜、耳朵、鼻子一样直接地说出性器官的学名，而且还教孩子画图片、让孩子提出看法。老师用芭比娃娃做示范，无论是捏、亲、摸、咬，还是不怀好意的看，都是错误的。我印象很深的一段教学是："当爸爸妈妈每天给你洗澡

的时候，你要想一想你的生殖器。问自己：'今天有没有人摸你这里？'要记住这里不许任何人碰和摸，如果有人这样做，一定回来告诉妈妈！如果有人说，这件事不能告诉家长，说明这件事必须告诉家长。"

以"身体接触"举例来说，老师会用足球赛来跟孩子们打比方。

第一种是"红牌接触"（即"危险的身体接触"）：有人故意碰到"游泳衣盖住的地方"。这种情况，要立刻将他"罚下场"。说"住手，我要报警"或"我要告诉妈妈和老师"等。

第二种是"黄牌接触"（即"过度的身体接触"）：有人善意地碰到其他部位，比如脸、头顶、手臂、脚掌、咯吱窝等。这种情况，孩子明确地说出请求和感觉。比如"请不要摸我好吗？这样做让我感觉很不舒服"。在潜移默化之中，孩子会建立一定的安全意识，形成"身体界限感"。

2010年，我的闺密去美国读博士，她的女儿莎莎入读加州当地的一所公立幼儿园。我的闺蜜也被邀请进入家长大学的培训。幼儿园与学校会主动地"培训"家长，邀请各类教育专业人士，通过讲座的方式引导家长，使其获得应对孩子成长问题的专业知识。一系列课程教授家长们与孩子沟通安全问题的技巧；如何通过细节来判断孩子是否受到保姆虐待、校园欺凌、成人性侵等。

在一门有关儿童安全的课程上，讲员放映一段纪录片——几个家庭的爸爸妈妈用各种方式跟自己的孩子传授安全知识，比如不要跟陌生人走、不要告诉陌生人家庭住址等。然后，孩子们被"陌生人"邀请同行、吃东西、说出地址。大多数的幼儿立刻忘记父母的忠告，如同小羊羔一般“落入罗网”。

讲员问家长们：“对低龄幼儿，什么样的安全教育才有效？”

家长们最终讨论结果是：“寸步不离！”

讲员问家长们：“当我们把低龄幼儿交给保姆或幼儿园时，如何保证其安全？”

家长们最终讨论结果是：“家长们增强警觉与提防，并且加大监管力度！”

讲员专家们灌输“怀疑一切”的精神给家长们。让家长们意识到，“公办、高收费、名声大、口号响”的教育机构不是保险箱，再完美的教育机构都有可能存在“披着羊皮的狼”。所以，家长们要敏感于孩子身上的蛛丝马迹，要特别留意自己孩子的在校安全，也要支持第三方机构对教育机构的监管工作。两年后，闺蜜带着莎莎回国。我再跟莎莎接触的时候，发现她很有安全意识，有一种很强的“身体界限感”。

有一次，我们一起坐地铁，在特别拥挤的地铁上没有座位。闺密让女儿把小背包放在胸前，让女儿站在闺密的背包下面，好保持足够的空间。我问闺密：“这样会不会不太适应中国国情？”闺密说：“我很庆幸她是一个有界限、不太容易上当受骗的小孩。”

在取票处排队的时候，后面排队的一个慈眉善目的老奶奶紧贴着我们。我扭头看看她，让她往前排，她却冲我们笑笑说：“我不急，你取你的。

我看看。"我与闺密继续操作的时候，莎莎走过去跟这位老奶奶说："您离我们太近了，这让我感到不舒服。您能不能退回到黄线之外呢？"老奶奶退后了两步，吞吞吐吐地说："其实我是想看看你妈妈是怎么取票的，这种自助取票机我不会用。"

我先取好自己的票，然后仔细给老奶奶介绍取票机的用法。闺密也耐心地帮助她，她拿到票后道谢离开，我问莎莎："那位老奶奶一看就不是坏人，又不会对我们造成威胁，你为什么一定要让她站得远远的呢？"

莎莎反问我："不是说人跟人之间的身体应该是有距离的，如果有人太靠近你，令你浑身不自在，你一定要表达出来吗？这样可以保护你远离伤害，也可以帮助对方变得更有礼貌。"

我被莎莎的回答惊住了，我儿子小撒也觉得很有道理。真没想到七八岁的孩子竟然这么有安全意识，懂得保护自己。这种从幼儿时期被灌输的"为了安全，你可以合理怀疑其他人"的理念，值得我们借鉴。

第六课

“我不想上学，他们欺负我”

——如何应对孩子之间恶意的排挤行为

父母们都会担心遇到这样的问题：随着孩子逐渐长大，他们会遇到一些具有攻击性的同伴，还会遇到无法预料的危险情况。当孩子被同龄人欺负的时候，父母该如何教他保护自己，又不纵容他变得越来越暴力？父母应该如何教会孩子宽容和大度，又不让孩子变得懦弱、好欺负？

面对“暴力”和“自卫”、“勇敢”和“友爱”这些难以把握尺度的问题，父母应该如何教孩子找到最佳的平衡点？有没有切实可行的方法，可以教会孩子理性地为自己设立安全界限，学会自我保护呢？

孩子被起外号时，最应该知道的“魔力关键词”

小撒长得瘦弱，常被别的小孩叫作“瘦子”。因为年纪小，他不觉得这有什么不妥，我们也没有太当回事。上幼儿园之后，小撒开始被小朋友们叫作“瘦猴”，我觉得这是个带有侮辱性的外号，便向老师提了出来。

出乎意料的是，老师的禁令反而让更多的孩子偷偷地叫他这个外号。小撒的反应则是能忍则忍，偶尔忍不住了就对小朋友大打出手，为此我也多次被老师叫去谈话。后来，我渐渐意识到，这不仅需要幼儿园老师的帮助，更需要家庭教育的引导。

美国的一位教育学家曾写过这样一本书——《如何让孩子不被欺负》，其中有一些很实用的方法。于是，我告诉小撒，在非常时期要学会说这样几个关键话语：“我很……”“一点儿都不好笑”“请你走开”……

我对小撒说：“这几个词都是很有魔力的噢，只要你说得恰当，那些小朋友就不会再给你起外号了。不过，你需要不断练习，才会发挥作用。你可以把妈妈当成挑衅你的人来练习。”

小撒听得似懂非懂，我耐心地给他多讲了几遍，并且让他反复练习

“我很……”“一点儿都不好笑”“请你走开（停下来）”这些话语。我让小撒表演一下让他觉得最受欺负的情况，并且使用这几个词。

他说：“我很生气，因为康康说我‘娘娘腔’，但这一点儿也不好笑。”

“玲玲不愿意和我跳舞，我很难为情。”

“东东用我的名字开玩笑，请停下来！”

……

小撒边说，我边给他做示范，并纠正他的语气和表情。事实上，很多时候，那些容易被欺负的孩子的表情和语气往往会暴露出他们的软弱和惧怕。只要孩子底气足，意志坚定，那么挑衅者往往就自觉没趣了。

小撒开始很不愿意练习，他觉得自己“以牙还牙”的方式比较好：“如果他们叫我‘大猪’，我就叫他们‘小猪’。”我告诉他：“这样做不仅不会让欺负你的人走开，反而容易激怒对方，让他们更加嘲笑你，有理由和你动手，甚至一群孩子会合起来打你一个。挨打之后，即使你告到老师那里，你也是理亏的。所以，你要学会给自己设立界限，对欺负你的小朋友起到震慑的作用。”

第二天，在接小撒放学回家的路上，我们刚好听到一个调皮的小男孩对他的妈妈说：“这就是我们班的‘瘦猴’，那个是‘猴妈妈’。”小撒听了低下头，一副很委屈的样子。我趴在他的耳朵边告诉他：“儿子，你要告诉他你的界限。”

小撒鼓足勇气走了过去，当着那个孩子妈妈的面，坚定地说：“我很生气，请你不要这么说！"

那个孩子一下就愣住了，他的妈妈立刻向小撒道歉，并且让孩子也给小撒道歉。当这位妈妈特意走过来向我道歉时，我说："孩子们的事情，就让他们自己解决吧。"过了一会儿，小撒和这个小朋友又玩到一起了，他们分享贴纸，彼此好像都忘记了这回事儿。

……

经过几次实践之后，小撒学会了使用这几个关键词。我又进一步告诉小撒，"界限"是建立在自己身上，而非小朋友身上的。对于那些一而再、再而三挑衅的孩子，你要告诉对方，如果他再这样，你就会做出什么反应。比如，"如果你再打我一下，我就马上去告诉老师。""如果你不停下来，向我道歉，我就告诉你妈妈。""如果你不跟我跳舞，我就去找别的小朋友。"

练习几次之后，班里那些调皮的孩子也不敢轻易"招惹"小撒了。小撒也渐渐明白他可以有很多种选择。当小朋友因为歧视、孤立，用语言来欺负他的时候，他可以用"界限"来保护自己不受伤害，并且去寻找接纳他的小朋友一起玩。这时，我又教小撒学会豁达和幽默，告诉他其实"瘦"也有好处——比如他极少生病等。

现在，小撒在这方面已经越来越释然了。偶尔听到别人说他，他还会幽默地说："我很健康啊。我从来都不去医院打针，我想吃什么就吃什么！你羡不羡慕我？"

为此，我给他报了跆拳道的兴趣班，一方面可以锻炼他的体能，另一方面也能改掉他做事迟缓的习惯。弹吉他是小撒的特长，老师说他在听音方面特别有天赋。我就跟学校的代课音乐老师沟通，希望他能给小撒多一些锻炼的机会。

在一次音乐课上，老师同时弹出几个不同的音，让同学们辨音。随着难度一点点增加，很多同学都说不出来。而小撒却自信满满地报出老师同时弹奏的四个音阶，老师都夸他听音能力很好。小撒仿佛一下子知道自己“与众不同”的好处了！

做教练型父母，培养孩子解决问题的能力

随着屡屡曝光的校园暴力和性侵事件，越来越多的父母意识到，培养孩子的自我保护意识要从幼儿开始——没有什么比教会孩子自我保护更重要的了。

很多幼儿都有过遭受同龄人欺负的经历。遇到这种情况，有的孩子会选择忍让，这种做法表面上太平无事，实际上却容易模糊孩子的是非观念，让孩子自信心受挫，甚至终身蒙上心理阴影。

有的父母会教孩子"以其人之道还治其人之身"，然而，这种做法容易纵容孩子的暴力倾向，让孩子失去对父母和老师的信赖，而且这类孩子在长大之后也会缺乏宽容和团队精神。

还有的父母教孩子事事都要"告状"，孩子就渐渐习惯于依靠权威的帮助，缺少独立解决问题的能力，而且这也容易导致孩子分不清楚"打小报告"和"自我保护"的区别，结果被大多数孩子孤立。

一般来说，不同年龄段的孩子，都有不同的游戏规则。在不会严重伤害其身心的情况下，父母最好不要去掺和孩子的世界，而应该担当起幕后

的顾问和教练的角色，教孩子学会解决自己的问题。父母要让孩子知道，无论在什么情况下，保护自己的安全都是首位的。

其次，父母要教孩子用自己的方式来制止暴力，这就要求父母引导孩子回应时要注意分寸，不要攻击、伤害对方，最好用语言去解决问题；如果孩子要借力于父母或老师，则要帮助孩子分清楚“告知”和“告状”的区别：前者是为了保护自己和别人不受伤害；后者则会给别人带来麻烦，甚至遭到报复。

教孩子立界限是给孩子筑一道隐形的保护墙。孩子在练习使用“我很……”“一点儿都不好笑”“请你走开”这些关键词的时候，也是在学习认识和表达自己的情绪。在这个过程中，父母要鼓励孩子以“对的方式”讲“对的词汇”。父母要让孩子知道懦弱和暴躁都是无能的表现，“对的方式”应该是平静而坚定地表达自己的立场，维护自身的权益。

很多孩子存在的误区是为别人设立界限，比如“我已经生气了，你就应该把玩具还给我”。我们一定要让孩子知道，他不能掌控别人的行为，他只能控制自己。所以，界限是为自己设立的。

“如果对方进一步伤害我，我就要……”孩子在学会正确地立界限之后，就能渐渐明白要为自己的行为负责，而非为别人的行为负责。他会意识到：“你这样是你的错，我虽然不能强迫你停下来，但是我可以告诉你我的感受，我还可以选择用某种方式来保护自己。”这样的界限如同一道保护伞，可以保护孩子的心灵不受伤害，保护孩子的尊严和安全感不受侵犯。在此之后，父母再跟孩子谈宽容、饶恕和豁达，才是合情合理的。

现在，许多幼儿园和小学都开展了各种形式的儿童安全教育。的确，儿童安全教育应该成为父母的一种共识。

我家的钟点工叫云姐，她的孩子是一个留守儿童。她把儿子交给爷爷奶奶带，一年回去看他两次。夫妻俩努力打拼，希望在儿子乐乐上小学前在城里买一套房子，一家人可以住在一起。

云姐上次回老家探亲的时候，发现了一个问题。小区里的男孩们都喜欢在一起玩，有一个8岁的男孩是他们的"老大"，其余的男孩子抱团跟着"老大"。这个"老大"常让其他的男孩做一些"坏事"来表明自己的忠心。比如，给老太太晒的被子上浇点水，摁了门铃就跑，往小狗的身边扔鞭炮……这些是很多男孩子都会做的恶作剧，但云姐觉得一群男孩一起干，就多少有点"小混混"的味道。

云姐劝了公婆好多次，不要让乐乐跟他们一起玩，但是公婆觉得云姐小题大做，没必要把一个男孩子整天关在家里。

云姐问乐乐："你真的喜欢跟'老大'他们在一起玩吗？"

乐乐沉默着不回答。父母常年不在他身边，他害怕自己被孤立，所以内心深处肯定会没有底气。即使他知道"老大"带领孩子们做的事情不好，但也没有勇气说"不"。听婆婆说，乐乐身上有过被打的痕迹，但是他却不愿意承认自己挨了打。云姐看着心思很重的儿子，感到很自责。

乐乐既渴望友谊，又害怕被拒绝……也许他受过的某些恐吓和痛苦是父母与老师无法知晓的。云姐说："我深深知道，最好的解决方法就是把乐乐带到身边。但是现实情况却不允许，他至少还要在老家待一年。"

于是，我问云姐："你们不在老家的时候，谁可以成为乐乐的'保护伞'呢？"云姐说："我觉得邻居陈哥的儿子大康最合适。陈哥是一名警察，整天都穿着制服，这群孩子都怕他。陈哥也很会教育孩子，他的儿子大康从不和这群男孩子一起玩，他们也不敢招惹大康。"

于是，云姐私下里跟陈哥说了一下乐乐的情况，希望他能成为乐乐的"保护者"。陈哥就带着孩子到云姐家去玩，并对乐乐说："你是个好孩子，以后你多到我们家跟大康玩。要是有人欺负你，你就说你是大康的好朋友。"

乐乐听了，眼睛一下子就亮了。这个穿着警服的叔叔的一番话，简直胜过父母的千言万语。他对陈哥说："其实，我早就不想和他们一起玩了。我就是怕他们打我。"陈哥拍拍他的肩膀说："法律规定，打人是犯法的。"

乐乐因为感觉到有警察叔叔保护自己，一下子开朗了很多，走路也变得昂首挺胸。在探亲的这段日子，云姐还特意带着乐乐拜访了他的班主任。云姐当着老师的面跟乐乐说："如果有小朋友威胁你，让你做你不想做的事情；或者有人合起伙来打你，你可以跟老师说。"老师也向乐乐保证，她一定会保护他。

返城之前，云姐再三告诉乐乐什么是"正常的调皮"，什么是"不正常的骚扰"。前者是你提出反对后，人家就会道歉并且停下来；后者是你提出反对之后，人家不顾你的反对，一再让你难受。前者你可以原谅，后者你就要告诉老师、父母或者陈叔叔。

云姐还告诉乐乐：“你要尽可能躲开‘老大’他们这群孩子，如果他们挑衅和骚扰你，你应该保护自己，马上走开。要明白，朋友和帮派是有大区别的——朋友会尊重你，你可以说‘不’；而帮派会让你做坏事，你说不的话就会倒霉。”

看着眼前的乐乐，云姐也暗下决心，一定要尽早将他接到自己的身边。在回到工作的城市之后，云姐每天都跟乐乐视频，反复对他说：“只要你感到害怕，就马上打电话告诉我。”

云姐有着很好的居安思危的意识。她敏感地意识到儿子可能受到了威胁和骚扰，并且感觉到儿子心理上的阴影和胆小怕事的性格与他身处的同龄人群体有一定的关系。所以，她给孩子找了警察叔叔和老师作为“保护者”，并且让孩子知道遇到胁迫和威吓必须立刻告诉大人。

在我的建议下，云姐也告诉孩子“朋友”和“帮派”的区别，让孩子知道在一个健康的关系中，他应该有说“不”的权力。这样的教导能够很好地帮助孩子以“自由”为界限保护自己，进而不会为了获得同龄人的认同而盲从于不良的小团体。

孩子屡遭欺凌，全是“别人的错”吗

齐齐因遭到“校园欺凌”而寻求我的心理帮助。这已经是他第二次在小学期间因受欺凌而转班了。齐齐的父母因孩子遭到几个小男孩的拳打脚踢感到非常愤怒，他们不仅要求当事人赔礼道歉，而且还向校方提出了转班的要求。然而，齐齐在转班之后性格变得更加孤独，还出现了成绩下滑、上课打不起精神等诸多问题。

齐齐是一个特别聪明的小男孩。不管多么复杂的拼图，只要看一眼，就能记住每一块拼板的位置；即使他站在几米外，也能记住别人输入电脑密码的手势，并进行破解。他从工程师爸爸那里学会了编程，还跟从事英语教学工作的妈妈学会了很多英语单词。

但是，齐齐的人际交往能力却很差，肢体动作也不协调。对于“丢手绢”“贴人”“老鹰捉小鸡”这些简单游戏的规则，齐齐很长一段时间都不能理解。在幼儿园玩“丢手绢”时，他转了好多圈还在纠结扔给谁。小朋友们纷纷抗议，认为他是“搅局者”，在游戏分组时都不愿意跟他一队。

上小学之后，齐齐遇到了更大的麻烦。虽然他的成绩不错，但是行为较同龄孩子显得过于单纯、骄傲、自私，不懂迂回。他从不考虑别人的感受，经常和同学发生冲突，受到同学们的排挤。在屡次“欺凌事件”中，齐齐都觉得自己没有错。

有些总是遭受欺凌的孩子往往有着一些父母很难了解的特征，发现并关心孩子的这些特征，孩子才能更好地成长。同时，被欺凌的孩子的父母也应多从自己的孩子身上找原因，这样才能从根本上保护孩子。

齐齐给大家的感觉是：以自我为中心、不合群、行为幼稚，经常冒犯别人还不道歉。以齐齐被几个小男孩拳打脚踢的事件为例：班级中的某个男孩向大家炫耀自己的新玩具，课间休息时，齐齐没打招呼就在好奇心的驱使下拿来玩。对方发现后，用威胁性的话语让他赔礼道歉。齐齐迟迟没有反应，结果招致挨打。其中一个男孩理直气壮地跟老师争辩说：“如果齐齐能说声‘对不起’，就不会挨打了。”

在沟通中，我让齐齐的父母说说他们过去是如何教齐齐应对欺凌的。下面这些都是他们曾经尝试过的方法。

· 和老师沟通，让齐齐在受到欺凌时主动找老师。（开始还奏效，但老师总有不在场的时候，而且老师屡屡过度保护齐齐，反倒容易激起其他孩子对他的反感）。

· 教齐齐打回去，保护自己（暴力行为会将孩子推向人际关系的边缘，而且还容易招致更强烈的欺凌）。

· 忽视这件事情，冷处理（齐齐内心的负面情绪没得到疏导，公义没得到伸张。欺凌者觉得齐齐好欺负，从而变本加厉。）

· 转班、转学，避免与欺凌者接触。（过度保护会让齐齐的情绪越来越容易波动，在家大发脾气，在外却唯唯诺诺。）

通过对上面这些方法的总结、分析与比较，齐齐父母意识到，这些应对措施都是无效的。于是，他们把精力和时间都放在了对孩子社交能力的培养上。他们请小朋友到家里玩，给齐齐报“少儿兴趣班”“情商提高夏令营”等课程，积极为齐齐寻找好朋友……

但是，这些努力都没有达到理想的效果。齐齐爸爸灰心地说：“齐齐在许多方面都很有天赋，但就是不懂得跟人打交道。我们能做的都做了，没办法，带他看了许多临床经验丰富的医生，最后诊断出他有‘阿斯伯格综合征’！”

阿斯伯格综合征，是一种较为常见的儿童和青少年发育行为疾病。据统计，每1万名儿童里就有7个阿斯伯格综合征患儿。这类孩子语言及智力水平发育都很正常，表面上看跟正常孩子几乎没有什么不同。他们的社交困难在早期是不易被察觉的，但是，当他们进入中小学之后，却很难融入同龄人的圈子，经常遭到言语上的攻击，甚至是身体上的欺凌。

目前，医学界对阿斯伯格综合征没有特效药。国外的教育工作者常常会对这类孩子进行“社会意识技能”“实用语言能力”“行为问题的控制”等训练。

庆幸的是，不是所有患阿斯伯格综合征的孩子都会受到校园欺凌。随着年龄的增长，许多罹患阿斯伯格综合征的孩子会逐渐康复。他们成年后或许仍有人际关系方面的困难，但是绝大多数人都可以融入社会，正常工作。

对于患有阿斯伯格综合征的孩子，父母需要鼓励发展他们的“长板”。这类孩子（大多数是男孩）的智力通常处于正常或者超常水平，具有很强的记忆能力。如果教育方法得当，他们能专注于自己感兴趣的事情，并做出很好的成绩。

我们建议齐齐的父母多安排一些轻松的家庭旅游，让齐齐帮忙订酒店、订机票、安排行程。在旅途中，慢慢训练齐齐从自己的小圈子里走出来，将注意力转向他人的立场与感受。

齐齐的父母还可以借助齐齐最擅长的棋类游戏，向他解释帮助他读懂别人的社交诉求，并教他学会用称赞、妥协、交换礼物等方式来维持自己和同学之间的关系。

针对齐齐的感觉和反应总会慢半拍（这就是为什么他没有立刻道歉而招致挨打的原因）这种情况，父母可以鼓励齐齐做一些有氧运动，比如跳弹床、打乒乓球，或是用粗糙的物体摩擦手指，这些运动都可以帮他进行自我调整。

齐齐的父母还可以教他跟同伴们解释说：“我没有立刻道歉，不是因为我觉得自己没错，而是我需要时间来想清楚。”

我建议齐齐的父母与孩子进行自由而平等的交流。这样，当他在现实生活中遇到影视剧中类似的情境时，便会逐渐理解为什么别人会有“讨厌我”“想揍我”“不理我”等情绪，从而避开同伴的“情绪地雷”，更好地保护自己。

关于如何应对别人的恶意挑衅，我想跟大家分享一封邮件，这是我的一位老师写给上寄宿学校的儿子的。

在这封邮件中，他告诉儿子：为了自己的安全，既要学会忍耐，又要学会“该出手时则出手”。我觉得，对于两者之间的平衡，这位老师掌控得特别好，对很多父母而言有着不错的借鉴意义。

亲爱的儿子：

今天，你进门的时候情绪低落，眼角和嘴角有青肿的伤痕。我打圆场说：“你这么大人了，还摔成这样。”其实，我知道你一定是挨打了。从你洗澡时脱下来的衣服来看，我猜你这次吃亏不小。

如果是十年前，我会告诉你“挨打要告诉父母，必要时告诉老师、报警和逃跑”。但是，十年的光阴，你已长成了比我还高大的男子汉。岁月的魔杖悄悄地拉开了我们的距离，我不能再宠溺地拥抱你，不能像从前一样将你举过头顶，更不能打开《父母手册》找到你需要的答案……我只能以含蓄得体的方式默默地关注你。

你的成长让我感到一种压力。我不得不承认，将来你会遇到更多的问题，有些是我无法帮助的。你的某些思维模式，也是我无法介入的。无论如何，我一直在寻找沟通的方式，希望今天的这封邮件，你能耐心地读完。

先来说一说我自己。

成年后，我打过两次架。一次是出去旅游时遇到强盗。在来不及报警的情况下，为了保护你和你的妈妈，我挺身而出。好在，我练的跆拳道派上了用场。一个打三个，僵持了10分钟，直到路人相助，擒获歹徒。

另一次打架是我追求你妈妈的时候，被情敌殴打。那次我基本上都是躺在地上被殴打的状态，天昏地暗的，就像世纪末日一样。但是，被打之后我没有退缩，继续冒着“找死”的危险狂追你妈……直到，我们组建了幸福的家庭。

我说这些，是想告诉你：男人挨打这件事并不丢人。那次被殴打的经历让我真切地明白了自己的真爱，以至在婚后平淡琐碎的生活中，一想起为你的妈妈所挨的那次打，就让我更有力量面对各种诱惑。

同样，在那场挨打中，我变得更有勇气——我不会卑躬屈膝地服软与讨好，而是靠着自己的实力和真诚赢得了自己想要的东西。

说实话，写这些的时候我心里也很矛盾。我是应该教你“小不忍则乱大谋”呢，还是教你“该出手时就出手，不回避真实的感受”呢？前者比较符合常理，是明哲保身的最好办法。后者类似于西方的决斗，俄罗斯大诗人普希金就死于决斗。前一种方式造就了很多张良一样的成功者——他们忍耐、成功，然而心理扭曲、郁郁寡欢；后一种方式可能会吃亏、鱼死网破，甚至一命呜呼，但是经历过的人并不后悔。

你还记得尼克·胡哲吗？——一个没有四肢的澳大利亚励志演说家。他曾经跟一位嘲笑他的男同学打过一架。为了保护自己，他邀请全班同学到操场上观战，他与对手提前定好规则——为了公平，对方不可以使用四肢。两个人的战斗开始之后，尼克·胡哲用全身的力气砸到那位同学身上，将他死死压在地上，直到他认输为止。这场架让尼克找回信心，他训练自己学骑马、打鼓、游泳、跳水、冲浪、踢足球，最终顺利完成学业并结婚生子。

我欣赏尼克·胡哲的勇气，但我更欣赏他自我保护的智慧——打架的时间、地点、围观者和规则，他都周详地考虑过。即使他输了，也不会吃太大的亏；即使对手赢了，也不会背负骂名。

你从幼儿园起接受的教育就是好好学习，团结友爱；真有矛盾，也要大事化小、小事化了。但是，孩子，我想告诉你：**成熟的标志，就是有一天当你认识到这样的教育与现实有很大的差距时，也能坚韧地活着，学会自我调适，并且继续热爱生活。**

最近，我陪你弟弟看了一部电影——《天才眼镜狗》。这只智商超常、哈佛毕业、做过总统顾问和实业巨头的天才狗，收养了人类小男孩舍曼。为了保护舍曼，他用了各种技巧、知识和高科技，最终，在舍曼被人强行抱走的情况下，他冲上去咬了人家一口。

这个情节戳到了我的泪点——最伟大的爱，或许只是出于本能。也只有出于本能的发泄，才能让深沉的爱表现得淋漓尽致……

我这么说绝非鼓励你去打架。我只是想告诉你要学会与自己的内心对话。在你的心灵深处，有一个真实的你。你要常常问自己：“这件事，我真的过得去吗？”“我真的快乐吗？”“这真是我的想法吗？”

不要欺骗自己，更不要活在别人的眼光中，而是要努力地做真实的自己。当然，这还远远不够。你还要用客观的理性来考虑大局，用缜密的思维来顾及细节。假如有一天，你像尼克·胡哲一样，即便被逼到“不得不出手”时，也不要莽撞行事。想一想，什么是你可利用的资源？什么是你可使用的规则？事情还会有哪些变数、意外和转机？想想自己有没有化敌为友，甚至是危机公关的能力。

儿子，你正处于“非黑即白”的年纪，拥有阳光般灿烂的青春。同时，你也会有很多泪要偷偷流、很多罪要自己受，还有很多爱恨情愁去体验。每次翻看你的微信朋友圈时，我发现你的相册中亲人越来越少，更多的是陌生而热情的面孔……孩子，你在长大，我也在放手。

从你小时候起，我就一直在培养你生命的弹性和韧劲。我努力让你知道，“赢”，不是人生的目的。很多“赢”了一辈子的人，内心深处却是不快乐的。

在“打架与否”这件事上，我希望你不要在乎输赢，而要找到恰当的方式调适自己的心灵。如果你想外出宿营、长跑解压，或是买个沙袋发泄一通……我都可以陪你。如果你想用正规渠道去申述和上告，我也随时待命帮助你；如果你想“以牙还牙，以打还打”，我可以做你的智囊，咱们一起策划出最安全的方案；如果你想自己解决一切，我一定会装聋作哑，暗暗为你祈祷。

无论何时，我在你的朋友圈中所点的每一个“赞”，都包含着深挚的情感。我是一个不习惯情感外露的人，于是便只能将内心波涛汹涌的感受总结为一句话：“没啥事儿，老爸挺你！”

第七课

“别管我，我就喜欢在家待着”

——特殊孩子人际交往能力的培养

◆◆◆

“人类智慧的最高形式，是不带评论的观察。”养孩子就像放风筝，给他一片接纳与包容的天空，但不能松开手中那根“牵引与归正的丝线”。同时，父母的眼睛还要紧盯着天空中的风云变幻，帮助孩子规避各种风险。

人际交往能力培养，家长要肩负起教育责任

曾担任多届美国总统顾问的葛培理先生说："一个被允许不尊重自己父母的孩子不会懂得真正尊重任何人，他们的社交能力也会出现问题。"如何培养孩子对父亲的尊重？我觉得一方面是家长要有身体力行的好德行，另一方面家长也要有帮孩子发现并补上"社交短板"的洞察力与行动力。

从2020年2月起，冠状病毒疫情蔓延让许多学校逐渐改变授课的方式。在家上网课的过程中，家长要成为孩子的"代理班主任"。不少家长发现自己对孩子管教能力比较微弱。孩子习惯于在学习上的事只听老师的话，对家长缺少尊重。这是家长的失职，更是家长的悲哀。

因为"宅惯了"，很多孩子更加排斥与人接触，而迷恋电子产品与网络虚拟社交。很多家长在制止孩子进行宅家娱乐，或是带孩子去参加同龄人社交时会产生严重的挫败感。有些孩子用很不礼貌的方式来回应，我建议家长们从以下七个要点出发，予以回应。

第一，保持冷静。当孩子躲在你身后死活不愿意走进小伙伴时，他（她）正处于一种应激反应模式中：要么充满怒气，大喊大叫；要么逃避

放弃，消极怠工。家长保持冷静并不意味着姑息孩子不尊重你的行为，而是以不变应万变。等候自己的大脑与孩子的大脑恢复理智。只有双方都能够接收对方的信息并且进行理性思考的时候，教育才是行之有效的。

第二，解码行为。家长不妨尝试着从孩子的角度审视一件事情的前因后果。不妨问自己："有人让他感到无能为力吗？还是他觉得被我羞辱了？他是否无法用更恰当的语言来表达内心感受，所以用逃避来回应我？""下一次换一个场合，少几个同龄人，他会不会更容易适应呢？"……一旦多问几个为什么，我们就容易搭建起亲子交流的桥梁。

第三，换位思考。家长要学习像老师对待同学那般客观理智。不妨提醒自己："如果孩子的老师在场，她会怎么做？""如果我的身份是老师，我该这么做？"家长可以反复问自己："在我的成长过程中，老师是如何解决类似问题的呢？"尝试着用老师的角度去思考问题，帮助你树立对孩子的教育权威。

第四，检查时机。在孩子特别叛逆的情况下，我建议家长不要急于回应孩子对你的指责或者抱怨。你可以尝试换一种方式踩刹车，比如告诉孩子："哇！你说了好多啊。我想好好听，可是你说得太快了。"你不必同意孩子的观点，但要平复孩子的情绪，表达出你尝试要理解他（她）正在经历的。你可以转移话题，比如"我要去吃块儿饼干，你要吗？我们吃饱了再跟小朋友玩吧！"

第五，跟孩子解释"我凭什么管你""为什么必须跟小朋友一起玩。"

被孩子反唇相讥“你不是老师，凭什么管我？”时，家长不妨富有同理心地巧妙回应，避免针尖对麦芒。你可以说：“亲爱的，你感觉不公平对吗？你有没有更好的解决方案？”为自己的教育权威辩护时，家长可以根据国家的法律与老师的要求来跟孩子解释。要让孩子知道父母肩负起督促孩子学习的责任，不是你们一个家庭的特殊情况，而是每一个正常家庭的情况。

再比如，当孩子认为网络社交可以代替面对面社交的时候，不妨用讲故事的形式来引导他。你可以讲一讲自己的童年，讲一讲社交力对自己在职场上的帮助。适度给予物质奖励与话语鼓励，都比一味施压要好得多。

第六，亲子连结。对很多孩子来说，做错事之后可以恢复亲子连接，恰是他内心最需要的医治方式！家长可以试着说一些感性的话语，帮助孩子意识到大人也是有感情的，让孩子知道你很希望他跟小朋友一起玩。

很多时候，一个拥抱胜过任何言语。恢复亲子连接不是以此来操控孩子，而是将教育权威根植于亲子良好关系的土壤中。

最后，给孩子做情绪稳定、心灵强大的榜样。

在《接纳孩子》一书中，作者提道：“冲突是孩子学习社会规则的宝贵机会。父母可以利用这些机会，以示范和引导的手段，让孩子锻炼表达自己、体贴对方、解决问题、致谢致歉、友好相处等方面的能力。在这种时刻，父母应该以孩子的感受为主体，不要斤斤计较自己的面子。”

家长的理智与冷静，可以帮助孩子逐渐产生面对逆境的勇气。即便孩子被人欺负，家长也不要过度保护，更不能让孩子在社交封闭的环境中长大。如果对人际交往缺乏认知，孩子在成人后可能更难面对挫折和困境。我们要鼓励孩子变得优秀而强大，超越那些欺负自己的人。愿每一位父母都可以给孩子做情绪稳定、心灵强大的榜样，让孩子不怕社交摩擦，继续跟小伙伴们一起成长！

天才，真的冷漠自私没朋友吗

小楷不仅成绩好，还会弹吉他、玩滑板，而且还是奥数队种子选手。然而，这个天才般的孩子却非常不合群。上课的时候，同学们分组讨论，气氛非常火热，他总表情淡漠地坐着发呆，一副"看不起你们，不想跟你们玩"的样子；课间十分钟，他永远孑然一身，跟谈笑风生的男生们形成鲜明的对比。

说起不喜欢他的原因，同学们说是"自私"。他很理性、很现实，给人一种疏离感。学校和班级组织捐款、捐物、献爱心等活动，他都不参加，认为"同情会纵容懒惰的人"。平时，他个人卫生做得很好，却对大扫除等集体卫生相当敷衍，每天到教室擦桌子只擦自己的，发作业本也只拿自己的，把其他同学的丢在一边。

老师问他："老师让你发作业本，你为什么没有发完就走了呢？"

他说："我笔记还没有做完。同学们反正会各自认领，这样分发的效率更高。"

老师说："'人人为我，我为人人'，这是最基本的班级集体观念。"

他却冷冷地一笑，说："二十年后，谁记得谁啊？只有自己的实力才不会背叛你，所谓的友谊、集体，我觉得都是不切实际的。"

小楷才1岁时，他的父母就离婚了。母亲由于工作忙，小楷由姥姥带大的。姥姥爱贪小便宜，生怕小楷吃亏，教他"每次去吃酒席，留到最后把菜打包回家"。遇到教育机构派送小礼物时，她总让小楷多要几个。小楷的父亲在组建新家庭之后，对他非常冷漠。就算带他出去玩时，也只喜欢跟亲戚朋友们夸耀他的成绩。

小楷读二年级时，竞选班长成功，父亲却说："花那么多时间在班集体有什么用，搞好学习才是正事儿！"在父亲的影响下，小楷对集体活动很淡漠，觉得班团活动是浪费时间，会影响自己的前途。姥姥和父亲的错误教导，让小楷形成了"唯我独尊"的单向思维模式。因此，他的自我意识特别强烈，缺乏双赢和多赢的思维，行事很容易走向极端。

在我与小楷耐心交流时，他慢慢放下心理防备，敞开心扉。他表现出对父亲的崇拜之情和对母亲的蔑视之感。

"我爸是一名小有成就的商人，我觉得他这么能干的人，讲的肯定没有错。"说到对母亲最大的不满时，小楷说："我坚决反对我妈再婚。每次看到她交男朋友，我就很生气，我觉得自己已经失去了爸爸和姥姥，而她是我唯一最亲的人。"

……

小楷说的这些话，让我大吃一惊。在对小楷妈妈进行心理辅导时，我们常听她说：“我对不起孩子”“都是我的错”“是我让他没有完整的家庭”……看得出，这位母亲有着强烈的亏欠感与自责感，让孩子觉得自己是受害者，从而形成了“全世界欠我，所以全世界都要偿还我”的思维逻辑。

我说：“单亲家长容易对孩子有亏欠感，于是，会想尽办法弥补孩子。事实上，这是南辕北辙的做法——试图为孩子承担一切，无原则的纵容，最终只会导致孩子人格的畸形。”

在对小楷妈妈进行辅导时，我帮助她意识到要划清亲子界限——无论自己恋爱与否、婚姻与否，这些事情都不需要儿子来做主，更不能让儿子产生一种理所当然地要主宰母亲人生的错觉。

我为小楷订制了一组“自我发现”的心理疗程。

我给他讲了这样一个故事：

一个小女孩因为妈妈开车失误而受伤，她的脸上留下了一个疤。随着年龄的增长，她越来越追求完美，然而，脸上的疤痕却成了她永远忘不了的痛。于是，她开始用负罪感惩罚自己的妈妈。她认为自己有权力生气、痛苦，整日扮演着委屈、复仇的角色。在这个过程中，她的心理需求得到了短暂的满足，与母亲的关系却越来越恶劣……直到有一天，小女孩在盛怒中推了妈妈一下，妈妈意外跌倒在钉子上，失去了生命……

接着，我跟小楷玩“法庭审判”的游戏，让小楷扮演律师，为这个小女孩进行辩护，我则扮演公诉人来控诉这个小女孩。

借助这样的互动游戏，我得到了关于小楷儿时创伤记忆和经历的信息。游戏可以疏导他内心的困惑、悲愤、抑郁，让他逐渐敞开心扉。小楷很快就进入状态，将小女孩的心理表达出来：“小女孩的痛苦有谁知道呢？她其实并没做错，她只是在自我保护。”

我反驳说：“小女孩心里的潜台词是，‘妈妈不按我的要求去做，我就会受到伤害，都是妈妈的错。’看起来她是弱者，其实她是沉默的专制者，让妈妈置身于迷茫与愤怒的‘高压锅’里，让妈妈感觉有亏欠感。一旦妈妈满足了她，她又会要求更多，她会利用妈妈的责任感做出更多不断伤害妈妈的事。”

……

这个模拟游戏帮助小楷意识到事情的两面性——事情并不只是他所认为的那样，还包含了很多其他部分。小楷渐渐意识到，自己对母亲的苛求与责备并不是一件小事，有可能会像故事里的小女孩一样酿成大祸，留下终身遗憾。

“自我发现”心理治疗法的好处在于，它具有建设性和滋养心灵的作用。这些游戏与协谈可以修复小楷曾经遭受的创伤。对一个冷漠的孩子来说，这不仅为他提供了自我表达的机会，他现在的感情也能得以宣泄。

日积月累形成的思维模式与亲子互动，很难在一朝一夕改变。为此，小楷母子都要进行如下的调整。

首先是制定规则。以前妈妈面对小楷的指责与埋怨，就默默忍耐。现在大家达成了共识：尽管妈妈理解小楷的感受，但必须要提醒他并制止这种“怨天尤人”的态度。我建议小楷妈妈做几张黄色和红色的纸牌，如果小楷“犯规”，就用黄牌以示警告；如果警告没有效果，就用红牌罚他。

一般来说，单亲家庭的孩子对妈妈会表现出更强烈的依赖感，在依赖—失望—希望—再失望中不断地寻找母爱的温度与柔软度。小楷一直认为如果他有需要，就理所当然地得到妈妈随叫随到的照顾和关怀。我要求小楷的妈妈学会说“不”。对于孩子力所能及的事情，尽量让他自己去做。比如，鼓励他每天跟同学们一起乘公交车回家，而不是开车去接他等。

其次是管理“情感热键”。美国心理学博士苏珊·福沃德曾说：“我们每个人内心都有富集感情的敏感神经束，每个热键就像充电电池一样储存着我们未了的心事，积蓄着我们的仇恨、内疚、不安全感和脆弱不堪。这些都是我们的弱点，是我们的敏感性、先天性以及小时候的经历共同塑造的。”由于父母在孩子幼年时经常无节制地吵架，所以在小楷心中深埋着一种怒气。这种情况下，小楷对克服挫折和经营人际关系总感到无能为力，不管谁对他表示关心和爱护，他都会感到被挟持、被控制，年幼时对母亲的厌恶感和对被遗弃的惧怕会涌上心头。

为此，我一直努力帮助小楷认识到事情的真相，重新敞开心扉相信同学、老师以及亲人的关爱。从跟同学分享零食、接受别人的礼物等小事开始，学习绕开自己“多疑自私的心理雷区”，拓展全新的世界。

最后是鼓励他多观察，融入集体生活。因为小楷比普通孩子敏感，所以他要学会意识到自己的敏感，从膨胀的感觉旋涡中跳出来，体谅别人。比如，小楷说：“我没来上课，某某不给我看笔记……”我问他：“他是一直故意不给你看，还是你想看的时候他正好在用呢？”这时候，小楷才意识到——“他说下午给我看，只是我当时太愤怒，只记住他拒绝了我！”

当一个孩子能够将模糊的感受具体地描述出来，并向大人敞开心扉进行倾诉的时候，就是自我观察和意识觉醒的时候。之后，他会渐渐发现自己的问题，变得主动起来，找到解决困难的办法，并且愿意相信别人的善意，能够分享与接受，最终成为集体的一员。

多动症——电子游戏导致的“感官失调”

10岁的小涛在父母陪伴下来接受心理咨询，原因是这个孩子有严重的厌学倾向，他在上课时经常坐不住，严重扰乱课堂秩序。为此，学校建议他休学，父母这才意识到问题的严重性。

小涛的母亲抽泣着说：“我已经放下所有的工作，全职在家陪他。然而，他根本不和我好好说话。每天都想方设法地问我要手机玩游戏，不给他，他就尖叫、打滚、歇斯底里。这孩子就是被电子游戏给害了……”

我让他们描述一下具体情况。

他们说：“小涛打游戏的时候，可以几个小时不吃不喝、不上厕所。有一次，他去朋友家里玩。偷偷拿了朋友妈妈的iPad之后，他就钻进衣帽间里打游戏。整整五个小时没挪过地方，害得人家到处找他！”

对小涛进行观察和评估之后，我基本确定他是典型的电子游戏上瘾症所导致的感官失调。在过去的一年中，小涛每天打游戏的时间基本在四五个小时——这样的高负荷导致他的一些感官功能失调。

首先是听敏度。学校上下课时，高频率的铃声刺激使他的耳朵感到像有电钻刺透一样；上课喊“起立”时，椅子推进和拉出的声音使他的听敏度超出负荷。课间十分钟的噪声使他的神经系统异常兴奋，上课后久久不能平静。

在测试中，我跟他说：“本子和笔在桌上。”他只听到“在桌上”。为了避免这个问题，我每次跟他说话前都要用“小涛，听我说”这类话先转移他的注意力，再传达指示信息。

其次是视觉神经。长期半夜偷偷起床不开灯玩游戏，让他产生了视觉问题，变得极度畏光，教室里的白炽灯让他感到眩目。当他从色彩缤纷、不断变化的电子屏幕接收大量信息后，再看印满黑白字的书本时，就会昏昏欲睡、毫无兴趣。

还有就是触觉和味觉神经。小涛一直觉得教室很臭，闷得让人喘不过气来。他常对偶尔触碰他的同学说：“不要掐我，很痛的！”“你为什么打我？”……同学只是无意中轻轻碰到他，然而他的触觉感官却变得非常敏感——轻微的触摸仿佛鞭子抽打一样，面料稍粗的牛仔裤对他而言就像砂纸……

电子游戏上瘾症所导致的感官失调，是这个时代许多网瘾儿童的通病。大多数孩子的某一两种感官会受到损害（通常是视觉和听觉），但往往表现不太明显。然而，小涛却是少见的多种感官出现失调，在触觉和味觉方面表现尤其突出。所以，他才会抱怨说：“教室的椅子好硬，内裤很粗糙，我觉得像坐在仙人球上，皮肤疼痛难忍，我只想去洗手间脱光轻松一下。还有每天早晨的朝阳都让黑板反光，我没法用眼睛直视。数学老师总是歇斯底里地大叫，我不得不经常捂住耳朵来保护自己……”

鉴于这种情况，我让他描述一个能让他静心安坐的环境。他说：“窗帘要拉上，光线要柔和。对了，我们家旁边有一家网咖。那里光线昏暗，弥漫着咖啡的香味，安静得只有敲击鼠标和键盘的声音，要是教室也能那样就好啦！”

虽然小涛不再玩游戏，连手机也很少玩，但是他的成绩依然没有提升。上课时，他经常在凳子上扭来扭去，忍不住就站起来伸展腰肢。这种屡禁不止的行为让老师非常恼火。

我对他进行一些触觉和听觉治疗的运动。我们选择了相应的“弗里斯特制心理音乐”，按照一定的方法倾听，随着音乐本身特定的节奏旋律，让他的身心得到深度放松，引导他进入游离于意识和潜意识之间的状态，然后进行深层次、无意识的音乐心理暗示和安抚。

父母与校方积极沟通后，小涛可以在自习课、课间十分钟以及同学们起立问候老师的时候使用耳塞。这样就有效地避免了噪声，保护他的听敏度不超出负荷。正式上课的时候，他才拿掉耳塞，从而听清楚老师的授课；当他在课堂上感觉如坐针毡，非常想起身的时候，会使用无声的磨牙棒在嘴里咀嚼，以此来分散注意力。

老师也允许小涛佩戴墨镜，避免教室里的白炽灯让他感到眩目。在黑白字的书本上，老师允许他使用彩色的荧光笔做笔记，以激发他的兴趣。小涛对老师上课传达的知识听不进去，部分原因是电子游戏对脑神经的破坏作用——受损的大脑神经会屏蔽掉很多信息，或对重要的信息处理迟缓。

在一次咨询治疗中，我给小涛举了一个例子："当你上课的时候，老师发出的信息就像是某个地方的Wi-Fi，你就像一台经常掉线的电脑。由于网速慢，你经常会头脑一片空白。你需要自己来调整，你要跟自己说：'我必须认真听，我必须看着老师的嘴巴，把他所讲的内容跟我的大脑连接起来！'唯有经过多次这样的训练，才能让你大脑的运转跟上老师。"

为此，我们制定了"小步走"的目标，以四十分钟的课堂为例，先在心理咨询室里进行模拟。我将他能够集中注意力的时间、无所事事开小差的时间、坐立不安的时间进行了统计（差不多各占到1/3）。我用一个震动的闹钟来提醒他进行自我提醒，并且将这种方法带到课堂。

他非常努力地去做，每节课都能自我提醒。他还会跟我分享他在自我管理方面的进步，比如，"每次我觉得内裤扎得疼痛难忍的时候，我就用随身带着的海绵轻轻触摸一下自己的脸，心里渐渐就能平静下来了。""每次闹钟震动时，我就提醒自己，然后就能听进去好几句老师讲的内容。""我发现自己的自控能力越来越强了。""当老师教新单词的时候，我就在手掌上画出来，这样很快就记住了。"

伴随父母的陪伴与沟通，他整个人也阳光快乐起来。然而，他一回想起当初打游戏的精彩与快乐，还是觉得现在的生活索然无味，甚至出现抑郁的情绪。在咨询治疗中，我告诉小涛，当网瘾侵袭你的理智时，你要尽量做到不被情绪左右，让思考先行，这是唯一一个能将你拉出困境的方法。

同样，克服网瘾的问题不是一个单纯的机械动作，而是一系列动作的传导，如同蝴蝶效应一般。我教他将注意力从“我不要想游戏的事情”变成“我要……”，比如：

我要找到人生的目标。

我要在日落时陪妈妈去散步。

我每次见到朋友时要主动问候他们。

我要跟好朋友去一趟大城市。

我要重新开始游泳。

……

以上的每一件小事都会让小涛感到自己是存在于现实世界的，自己身边的人、事、物都是真实的；自己的存在对于亲戚朋友来说都是非常重要的。每当他被网瘾诱惑时，都要打破自我否定和悲观消极的思维习惯。首先要意识到自己在想什么，然后斥责这些负面的想法。比如：

网瘾，请你离开！

我不需要在虚拟世界中赢得人生！

我要去跑步了！

……

多次训练之后，小涛可以直视内心的诱惑，并用积极的思想与行动去自我激励、自我改变。小涛的父母在一年多的时间里，一直陪着他进行各种体育运动，父亲还陪他一起参加了马拉松比赛。

从生理学角度看，慢跑一段时间后，人体大脑可以分泌一种“心理愉快素”——β-内啡肽，这种物质能使人体保持一种良好的心理状态，预防和改善身心疾病。在父亲的陪伴下，小涛尝试到体育锻炼带来的愉快、刺激、欢乐，体验到勇敢与顽强、胜利与勇气、拼搏与成功带来的兴奋与快乐。这些都能有效地帮助他摆脱网瘾，回归到正常的生活。

遭受心灵创伤的孩子，如何走入人群

我接触过很多留守儿童遭到严重心灵创伤的案例。这些孩子的童年大都在小城镇或乡村度过，当城里打工的父母有能力将他们接到身边时，很多伤害已经酿成。不少孩子会因为心理伤害而表现出“智商停止发育”，其心理状态与智商水平都停留在受虐的那个年龄段。

有些孩子在后来的学习生活中，表现出各种各样的学习问题（比如：注意力不集中、缺乏自信、不敢提问、害怕失败、考试紧张、不愿意纠正错题等），成绩差强人意。

在一部心理学著作中曾出现过这样一种观点：很多在手术中失去大脑感情中枢的人，不但失去了感觉感情的能力，也失去了做决定和组织自己生活的能力。虽说这些人的智力功能没有受到影响，然而其脑中主管感觉和行为的功能却受到了很大的破坏，从而影响到他们的智力。

8岁的玲玲是一个遭受过暴力对待的女孩。6岁之前，她的父母常年在外做生意。读幼儿园大班时，她被幼儿园的一名老师当众连扇数个耳光。此后，她产生了厌学、忧郁、尿裤子、夜间做噩梦等状况。后来，暴力事件被媒体曝光。

读小学的时候，玲玲的父母把她接到了省城，然而她变得表情木然，越来越不爱说话。她根本听不懂老师讲什么，作业也不会做。同学们给她起外号，老师干脆放弃了她，将她调到最后一排，对她不闻不问。

在第一个学期的期中考试中，玲玲几乎交了白卷。她的父亲因此对她进行了暴力的体罚。此后，她便更加厌学，课堂上常常会不能自抑地大叫，甚至出现自残的行为，学校不得不让她休学。玲玲自从被父亲责打之后，干脆拒绝跟父母说话，她只用摇头、点头或打手语来表达自己的想法。而她平常只会一个人自言自语，或是跟玩具说个不停。

我告诉她那心力交瘁的母亲——每个孩子都有一种与生俱来的自愈能力。即使是严重虐待所带来的伤害，只要孩子处于一个自由与爱的环境中，他（她）都会进入自己的内心世界，寻找到自我疗愈的最好方式。根据我的经验，遭虐儿童的父母也存在或多或少的心理问题。在我过去陪伴儿童走出阴影的过程中，某些父母由于情绪不稳定，常对儿童的心灵“再度施暴”。

玲玲的母亲承认说：她常因玲玲在家里“乱撕东西”“玩泡沫”“把家

里搞脏”或“让大人在公共场合没面子”而责骂她，甚至是体罚她。母亲的怒气发泄后，又不断自责，忧心忡忡，家里总是乌云笼罩一般。这种情况下，对父母的疏导和对孩子的治疗要同步进行。

玲玲的表情木然，常盯着自己的小指头发呆。很多玩具都不能吸引她的注意力，她对我的提问也置若罔闻。我桌上的橡皮屑吸引了她的注意力，她用小指头不断地搓着，将一粒一粒的橡皮屑搓成一条长长的“蛇”。于是，我继续“制造”出更多的橡皮屑，让她把“蛇”不断地变长、变粗……过了一会儿，玲玲又玩起自己的鼻屎，玩得特别投入。我初步判断，她这种情况属于儿童因心灵遭受严重创伤而导致的一种“退化”现象。

可以说，受外界种种伤害的影响，玲玲的心理状态始终停留在受虐的“幼儿园大班”。而升入小学后，老师的批评言语、同学的藐视嘲笑、考试没考好而遭到父亲责打等原因，使她的心理在这几个月再度“退化”——几乎“退化”到婴孩的状态——她要用触觉来认识世界并获得安全感，并且经历一次“重新长大”。面对这种情况，父母应给予她足够“自由”的空间，让她将“自我治愈”的方式尽情发挥，完全投入并专注其中。

我跟玲玲的母亲说：“学校让她休学，是正确的决定。玲玲目前的心理状态不适合集体学习。其实，让孩子的心理回到婴幼儿状态，再重新长大，这是一个很好的心理修复与自愈的过程。父母要配合的是，放下自己的习惯、看法、喜好，无条件地接纳孩子的自愈方式。比如，玲玲现在对手脚的触觉最为敏感，你就要允许她‘摸’‘捏’‘搞破坏’……渐渐地，你会发现玲玲现阶段的自愈方式是什么。这个重新长大的过程不会太久，几乎每段时间都在突飞猛进。”

玲玲的母亲不解地问：“为什么？”我解释说：“当幼儿处于特别投入、痴迷的状态时，说明她的心灵是非常安静的，这其实是一个自我治愈、自我完善、自我修复的过程。这就像人的免疫系统会自动扫除疾病一样，我们要做的就是给她足够的空间和时间，而不要随便打断她、干扰她。”

在我的建议下，玲玲妈妈给她腾出一个房间，让她可以自由自在地“搞破坏”。房间里有用各种器皿装的五谷杂粮、石头沙子、碎布料、纸屑等物品，玲玲可以尽情地撒一地、抓啊，咬啊（物品大小要保证孩子不会吃下去），撒啊，搓啊……有时候，玲玲把房间里所有的东西倒腾出来铺满一地，然后用脚踢啊、踩啊。这种自娱自乐常会持续一两个小时，玲玲一言不发，陶醉其中。

当玲玲妈妈表示焦虑时，我告诉她：“这是一个好现象。儿童心灵创伤的自愈，常在她专注于自己感兴趣的事物时发生。你要做的就是耐心等待，不加限制，同时要保护好她的安全。”

玲玲妈妈在接受我们的辅导后，不再把焦虑发泄在孩子面前，即使玲玲不跟她说话，她也不再逼她开口。她学着用语言来表达爱，常对孩子说：“你的工作做得真棒！”“你这样玩，一定很有趣！”

我还教玲玲妈妈一个“口出良言”的技巧，每当她忧虑某种不良状况时，就说一句完全相反的话。比如，她心里想说“我好怕你不能正常上学”，嘴上却要说“你一定能够很快重返校园，而且非常适应”。两个星期后，玲玲开始跟父母重新说话了。虽然她说得很少，却让父母高兴无比。而且，她半夜无意识地哭泣和尖叫的现象也少了很多。

玲玲沉溺于触觉游戏三个星期之后，渐渐对其失去兴趣。她开始各种空间探索，比如找各种方形的东西叠起来，叠得很高、推倒，再叠起来、再推倒。妈妈给她提供各种合适的物品。比如，大小各异的箱子、积木、盒子等。她在“叠叠乐”的世界里玩得不亦乐乎。显然，玲玲在“触觉感知”得到充分满足后，又找到了一种“空间探索”的自愈方式。在之后的三四个月中，玲玲更换了好几种自愈方式，比如，画画、剪东西、攀爬、发出各种奇怪的声音等。

这些接踵而来的“自愈方式”，如同给孩子的重新长大的过程按了“快进键”。可以说，在这三四个月的时间里，玲玲从几个月的婴孩长到两三岁的幼儿，又长到六七岁的孩童。她在自由放松的环境中，完成着心理上的第二次“成长历程”。

值得一提的是，在玲玲接受治疗的第四个月时，她开始说脏话，父母很吃惊，之前从没听过她说那些粗鲁的话语，甚至连她从哪里学来的都不知道。我建议她的父母采取冷静的态度，不要对所谓的“脏话”太过关注，果然，说脏话的时期很快就过去了。玲玲又对讲故事产生了极大的兴趣……

半年之后，玲玲基本“重新发展”到接近同龄人的水平，并表现出对社交的需求和渴望。休学期间，妈妈每天带她去公园里跟同龄人玩，还带她上绘画兴趣课。比起一年前玲玲在学校的表现，她能够遵守纪律、顺服老师，跟同龄人的交流也更自信了。一年后，玲玲重新进入小学一年级。这次，她适应得很好，这个曾经只会交白卷的女孩，现在还成了语文学习委员。

玲玲的父母为此给我们打来电话致谢，我发自内心地说：“不要感谢我们，要感谢上苍在创造每个孩子时预先放在他们身体里的自我治愈能力。无论孩子受了多大的伤害，只要父母能提供一个自由的环境，并坚定不移地对孩子表达接纳与爱。那么，孩子就会像丢了尾巴的小壁虎一样逐渐治愈自我，甚至治愈我们大人。”

孩子需要无条件地被接纳和关注

王明特别爱讲话，而且总是不分场合、不分时间，结果经常打扰到身边的同学。老师屡次将他请出教室，也多次跟他的父母沟通。王明的父亲对儿子的“碎碎念”倍感焦虑。他用了打骂、禁闭等多种方法，效果都不是很好。强行制止他时，他仍旧会用“唇语”轻轻讲话。

原来，王明3岁时，母亲改嫁到另一个城市。父亲文化程度不高。王明的爷爷奶奶经济条件还好。王明从小话不多，不爱说笑，他在整个小学阶段都是“沉默的中等生”。所以，家人们对他上初一之后180度的转变和病态的话痨感到惊讶。

父亲说：“小升初那个暑假，王明去他妈那儿住了一个月。当时他妈已经再婚了，生了一个女儿，全家人对这个女儿视为珍宝，冷落了王明。继父还带着一个男孩，那个男孩比王明大，可能会欺负他……那段时间，王明给我打电话说想早点回来。我忙于工作，就劝他再玩一阵子。王明从他妈那里回来之后，情绪低落了很久，几乎天天闷声不响。后来，他突然变成了话痨……”

很多时候，孩子的某个巨大转变的背后一定有诱因。

我跟王明的爸爸说：“王明心中有解决不了的压力和情结。他可能受气，可能被寄人篱下的感觉所伤害，可能在那段时间里感到被世界抛弃……总而言之，这是问题的症结所在。”

爸爸问：“为什么王明从来没跟我讲过这件事呢？我们后来追问他妈对他怎么样，他都说很好。”

我告诉他，孩子的内心越是痛苦黑暗，越是表现得平静。但是大人不能故意戳穿或追问，而是要有智慧地处理。

王明的问题并不是严重的心理疾病，只是一种寻求发泄与安慰的方式。所以，老师与父母要化解他的心结，就要明白或清楚他在说话时候的情绪，给他一个支持性的环境，把他重新带回到正常的生活轨道上。

在我的耐心引导下，王明终于敞开心扉，讲到自己在妈妈家里的绝望感觉。

“我妈根本不爱我，她只陪我出去玩了一次，其他时间都让我跟那个哥哥待在家里。那个叔叔对我倒是不错，带我出去玩了几次，但是他上班的时候，那个哥哥就欺负我，还威胁我不许告状……那天，家里没人，他把番茄酱涂在我的鼻子上，让我装小丑。我不愿意，他就挠我痒痒，把我摁在地上挠痒痒，让我发出笑声。我嘴上笑，心里却在哭。我给爸爸打电话，爸爸也不来接我……我快要死了……没有人在乎我……后来，我发现要想在这个‘家’里待下去，我就必须像个小丑一样哗众取宠。于是，我渐渐变了，逼着自己说那些他们想听的话，说着说着，我就控制不住自己了……”

王明泣不成声。从他的讲述中，我可以判断出王明的妈妈、继父对他都不错，那个哥哥或许只是想开玩笑，并不是真正的虐待。但是，从小被爷爷奶奶呵护备至的王明内心是非常敏感脆弱的。换了一个新的环境之后，别人的忽视、冷漠都会让他感到受伤害。这种巨大的落差感使他对世界的认知受到巨大的挑战与颠覆。

我问王明，既然他们对你不好，你为什么不告诉爸爸？或者告诉爷爷奶奶呢？王明想了一会儿，吞吞吐吐地说：“我不想爸爸妈妈一直离婚，我想让爸爸他们知道妈妈是好人，或许爸爸将来还会把妈妈接回来。”

我被王明的话深深震住了！王明的爷爷奶奶一直给他灌输“你妈是坏人、不负责任、你跟她生活不会幸福”的观念。所以，王明才会有这种“捍卫妈妈正面形象”的强烈意愿。即使他在妈妈那里受到极大伤害，也不愿意让家人知道。

我把王明的这个希望“爸爸妈妈复婚”的心思告诉了他父亲。他为离婚给儿子造成的伤害而自责，更为自己与父母多年来控诉前妻的行为给儿子的“二度伤害”感到内疚。他迫切想知道如何帮助王明。我建议说：“很简单，你每天抽出专门时间认真倾听儿子说话，让他随心所欲地说、语无伦次地说、一遍又一遍地说……在这个过程中，你一定要让儿子感到你很关心他的感受，要充满同理心地点头与附和。”

他说：“王明总是说我告诉你今天学校一个好玩的事情，但是他讲了一大通，一点儿都不好笑。难道我也要笑吗？”

我说：“你可以不用笑，也不用伪装，你可以说‘儿子，无论你说什么我都在听，你不需要用好玩的事情来吸引我的注意力，即使你说的事情一点儿都不好玩，我也很想听’……”其实，你要学习的是通过孩子病态的行为，看到孩子的需求——他需要无条件的接纳，需要你的关注，需要你对他更多的觉察与呵护。

事实上，绝大多数人在他们的童年阶段都受到过伤害。不少人有过“被父母一巴掌给打傻了”“越挨骂越笨”“在一次受虐后智商明显降低，不愿走入人群”等经历。一个人对这些经历的体验、释怀与饶恕，包括对自己那些自相矛盾的感情的了解，能够帮助他回到自己的感情世界中，让他重新找回失去的生命活力与智力。父母若能意识到这一点，就会规避暴力责打、言语辱骂、强压虐待等方式。当孩子成绩不佳、智力下降，或是出现一些心理问题时，我们就会更理智，更懂得如何爱他们。

我觉得，**教会孩子跟自己的负面情绪、独特之处、弱势缺点好好相处的父母，本身就是管理情绪的大师。他们培养的孩子能够接纳自己，拥有良好的自我形象，长大后能够接纳他人、热爱生命，把包容与快乐带给身边的每一个人。**

第八课

“你不听我的，我就不和你玩儿了”

——如何培养孩子的格局和领导力

父母都希望自己的孩子将来能成为各个行业的领军人物。但是，很多父母又经常感到困惑：一方面想培养有魄力的领袖型孩子，另一方面又希望孩子具有顺服的品格。不要总是说“我说了算”，不要太张扬以至不能合群……

其实，很多父母误解了“领导力”的真正含义。领导力的真谛不是“让别人听我的”，而是“做众人的表率与服务者”。在这一章，我们将和父母一起探讨真正的领导力训练，并帮助父母在实践中培养孩子卓越的领导力，让他们成为社会的优秀人才。

不怕做“头儿”，告诉孩子领导者的真谛

领导力（Leadership）是指管理者提高整个团体办事效率的能力。我们应该鼓励孩子勇于做“头儿”，告诉他什么是真正的好领袖。

从上小学开始，小撒就表现出喜欢“管人”的倾向。小朋友一起玩的时候，他总是比画着让别的小朋友听他指挥。一旦人家不听，他要么动手打人，要么哇哇大哭。再长大一点儿，他就会“设计”游戏规则，甚至还会“管大人”。就连餐桌上筷子他都要纠正奶奶按照他设计的位置来摆。可见，这个看起来有点内向的孩子具有极强的“领导欲”，需要相应的训练。

第一步，让小撒明白“领袖是服务者”的道理。我告诉小撒，如果你希望别人听你的，你就必须为他们服务。当小朋友们一起玩的时候，我总鼓励小撒给他们分享零食、收拾玩具、保管衣服，还要留意小朋友有没有落下什么东西。我常常问他：“凯凯弟弟不听你的，是不是因为你没有照顾好他？你能为他再做点什么呢？”

有一次，我去参加家长会。父母和孩子们走了以后，教室里一片狼藉。我提议小撒帮忙收拾教室，他却问：“妈妈，别人不收拾，为什么要让我

干？”我说：“你不是想当班长吗？班长就要干别人不愿意干的事情，这样才会得到拥护。”这样的训练多了，逐渐培养了小撒的责任感，他渐渐明白了领袖是为他人付出更多、为他人服务更多的人。

第二步，让小撒学会解决分歧。“领袖”一定要学会面对不同的意见。我告诉小撒：一个好的领袖要学会变通。

让孩子明白“妥协”和“变通”是非常重要的事情。特别是对小撒这种性格固执的孩子，他天然的反应是“你不听我的，我就不和你玩了”。我通过《盲人摸象》等故事，引导他明白每个人对同一事物的感受和理解是不一样的，好的领袖要放下自己的意见，倾听大家的想法，并且找到让大多数人都更加满意的解决办法。

为此，我来举两个例子：

教师节要以小组为单位给老师送手工礼物。小撒被任命为8人小组的组长，但8个人有8个意见。小撒想说服大家给老师折纸花，却被7个人拒绝了。他沮丧地告诉我，我让他把每个人的想法都画在纸上，我引导他分析：“梅梅想做不倒翁，丁丁想做娃娃，你可以把她们的想法归纳成一类：做个不倒翁娃娃。”

小撒就学着将7个孩子的想法合并归纳成两个方案：一是做个不倒翁娃娃，二是做个带贺卡的花篮。我教小撒：好领导应该合理分配小朋友们的工作和时间。计划之后，他把小朋友请到我家，将擅长画画的3个人分为“负责装饰和涂色”的一组，将其余4个人分为“负责做花篮和填充蛋壳”的一组。小撒还指派两个“小组长”带领每个孩子工作。

孩子们中有一个手脚特别笨拙，总是被排挤，我就鼓励小撒给他换了个工作——收拾工作中产生的垃圾和废纸。一个小时后，不倒翁和花篮都做好了。大家有目共睹，花篮做得比不倒翁漂亮多了。小撒带领大家举手投票，最终，大家全票通过了送花篮的方案。小撒还拿出自己最喜欢的糖果奖励大家。

第二个例子是面对长者与自己的分歧。有段时间，社区提倡“垃圾分类”的活动，但奶奶常把不可回收的垃圾丢进厨余垃圾里。小撒就“批评”奶奶，但是奶奶总改不了。

我是这么引导小撒的：“发火不是解决问题的办法，为何不换一种办法？只有在自己不生气的时候才能想到更好的办法。”

当小撒再次发现奶奶丢错垃圾时，便以“垃圾的口吻”幽默地说：“我是不可循环垃圾，请将我放在红色垃圾桶里。”奶奶一听就笑了起来，祖孙俩在轻松的氛围中解决了矛盾——这是因为小撒明白，应该先管理好自己的情绪，用充满幽默感的轻松方式来代替强硬的“说教”。

时势造英雄，孩子成长过程中遇到矛盾和纠结的时候，都是训练他领导力的好时机。在这些小事上，建议孩子换种方式，再一起讨论为什么这样做会产生良好效果。不知不觉中，他就学会了归纳、总结，说服固执的人，处理小朋友之间的矛盾……我们家常常有小撒的小伙伴来做客，为此家里被他们搞得乱七八糟，也花费了我们很多的时间和精力去收拾，但是小撒却在“人堆里”学会了做“孩子头儿”。

很多父母都说自己的孩子很有领导潜能。当我问什么是领导潜能的时候，他们却讲不全面。由于对领导力的认识不准确，父母们经常会产生很多困惑，比如，孩子爱做“孩子王”，一定要让小伙伴听自己的。父母应该给他什么建议？当孩子渴望在幼儿园做班长的时候，是否要为他“开后门”？当孩子的控制欲给别人带去负面影响的时候，该如何为他们立界限？

首先，父母要明白，**孩子的领导力是在家庭中培养出来的。**

研究显示，领袖人物的父母们也常常表现出未获公认的领袖才能：他们善于沟通、乐意帮助人，常常以道德价值而非物质利益作为准绳来进行抉择。遇到考验时，他们会以强大的心灵和乐观的精神鼓舞家人走出困境。

其次，父母要有意识地让幼儿与各种年龄的人（包括优秀的成人和非常年幼的孩子）交往，幼儿在做“哥哥姐姐”的过程中，领导能力往往会得到锻炼。

最后，培养孩子掌握分清主次的能力，从而具备忙而不乱的“大将风度”。让孩子每做一件事情之前想一想：“有没有必要做这件事情？还有没有更重要、更紧急的事情要做？”父母平时要训练孩子把“能够一起做的事情”安排在同一时间进行。比如，让孩子自己泡奶（冲果汁），教孩子在烧水的同时洗杯子、放奶粉（而不是等水开之后才做这些）。通过这些小事，孩子会明白如何理清思绪、提高效率，从而做到忙而不乱。

父母要常常聆听孩子诉说自己的梦想，以梦想鞭策他们跨越自己的局限。比如，男孩子爬不上攀登架的时候，母亲就可以鼓励他：“你长大了不是要攀登珠穆朗玛峰吗？这个小困难你动动脑筋就能解决。”孩子因失败而灰心的时候，父母可以给他切实的建议，比如，“把你的自行车垫在下面爬上去，你觉得可行吗？”

培养孩子的领导力是一个潜移默化的过程。我们不一定要让孩子参加这样的培训，但我们可以在亲密的关系和琐碎的小事中有意识地训练孩子。父母先成为家庭的好领袖，就一定能培养出未来世界的小领袖。

教孩子学会“谦让”

记得有一次，我在小区转悠了两圈想找一个停车位，好不容易看到一辆车开走，我刚想把车停进去，一个女人用百米冲刺的速度跑了过来，稳稳地站在空车位上，向我做了一个“胜利”的手势。此时，后面的一辆车不停地按喇叭催我离远点……

无奈，我又转悠了一圈，看到又有一辆车开动了。这时，不知从哪辆车上跑来两只野猫。它们不偏不倚正好停在这个车位上，我轻轻按了按喇叭，这两只猫居然动都不动！

我实在不忍心把它们撵走。后面的喇叭声又响了起来，开车的人摇下车窗说：“你到底进不进去？不进去就让路啊！”我只好退了出来，这个司机却勇敢地向野猫驶去，猫儿落荒而逃，他大笑：“猫有什么可怕的？！”

我不禁大声嘟囔：“难道我是怕猫吗？你搞清楚，这叫涵养……”

此时，坐在后座的小撒说：“你有涵养，却被人欺负！”我一边继续开车找车位，一边跟小撒解释“让一步海阔天空”的道理。

我把车子开到隔壁小区的空车位上。下车后，我俩边走边聊，我依旧坚持自己的观点：“小时候，你外婆教我‘孔融让梨’。长大了，我仍觉得谦让是美德，即使要付出代价，也值得去做。”

看着小撒疑惑的眼神，我给他讲了一件陈年旧事。

“去年秋季的一天，我和你爸去医院看住院的爷爷。医院车位爆满，我们等了好久才等到一个车位。这时候，后面的车主冲我们大喊，说他车上的病人情况不好。我们二话没说就把车位让给了他，没想到却因此救了一个生命。原来，这个病人情况突然恶化，还好抢救及时，医生说他若晚来三分钟，后果会不堪设想……这位车主记住了我们的车牌号码，打电话给交通广播电台，把我们表扬了一番。”

后来，小撒写了一篇《孔融让不让车位》的作文。老师引导同学们讨论这篇作文，并讨论“公平竞争、彼此谦让、崇善好施”等理念。有趣的是，小撒的同学提出了五花八门的“车位共享大法”。有的同学说可以给老小区装立体式的车库，有的同学说可以采用网上摇号的方法来分配公用车位，还有的同学想出用热气球把车子悬在空中的绝妙主意……这次辩论让同学们发现资源是可以共享的，人与人之间是可以共赢的，社会的发展会为年轻人提供更多的资源与机会。

不久前，我和小撒在大雨突降的街头打出租车。看着很多出租车掠过之后，一辆车终于减速了。当我正准备冲上前时，小撒却绅士地对身旁的孕妇一家做出“请”的手势。看着小撒的表现，我感到了一丝说不出的温暖。看到他待人能如此谦让，让我对他的未来更有信心，对家庭教育的力量更加笃定。

对小撒来说，有关领导力的很多理论和信仰似乎是苍白的。然而，有些美德和品格却可以通过真实的生活来传递，如花香一样逐渐沁润至他们生命的深处。

责任感，培养孩子的“工匠精神”

如今，工匠精神越来越被人们所推崇。但是，什么是工匠精神？估计小撒这代孩子们也不清楚。

我跟他解释说：由于社会分工的细化度越来越高，现在每个人能做的事只有很专业的一部分领域。专业化是好事，每个人精力聚焦，效率特别高。所以，现在基本上不需要百科全书式的人物，很多企业都需要某领域的专家。换句话说，什么都会的人，可能就是什么都学不精、做不好的人，就是很多企业都不需要的人。

我启发他说，其实每个人都是工匠。你要培养自己的领导力，就要知道什么是工匠精神。我理解的工匠精神，就是怎么把自己擅长的事情做得更好。学习，就是一个不断精进、不断钻研、在某一个领域一直自我打磨的过程。

为了启发儿子，我跟他一起寻找身边的“工匠”：第一个工匠就是邻居阿伯。

10年前的老宅拆迁，让阿伯这个工薪家庭得到了一笔钱，搬入了一个新小区，入住后，邻居不是“金领”就是“海归”。阿伯却在自家车库前摆起了自行车摊。在这个小区里，家家都有私家车，阿伯摆出这么一个摊子，岂不是自讨没趣？

刚开始摆摊时，物业人员来沟通过多次，阿伯的态度很强硬：“不管有没有人来修，摊子我是非摆不可。如果你们嫌脏，我就天天打扫；如果你们嫌我的工作服不体面，我就穿西装打领带来修车。”

随后，他真的把自家儿子淘汰的西服、衬衫和领带都翻了出来，洗熨妥当穿上。还把每一样工具擦得锃亮，把车库的地面拖得一尘不染。有人来修车了，他就脱下西服，把领带折起来，戴上干净的围裙和袖套……修完之后，他会用好几块抹布擦拭车轴，一点儿机油的痕迹都不留下。

阿伯修理的大多是童车和自行车。闲下来的时候，他就用狗尾巴草编织小玩偶，挂在孩子们的车上。当孩子们顽皮的时候，他总是嘱咐他们用完工具之后要把它们放进工具盒，各归其类。阿伯甚至要求他们推车离开之前要把手洗干净。

渐渐地，阿伯的修车摊在小区里出了名。隔壁小区的孩子们也会把坏车子推来修理，忙的时候还得预约排队。阿伯对整洁和干净的要求一点儿都没有改变。夏天的时候，他搭起了丝瓜棚，每个来修车的人都可以领到一个丝瓜作为礼物。修车摊四周还摆满了花盆，一年四季都开着五彩的花；收音机里播放着单田芳的评书，车摊边上还放着几把躺椅、一壶清茶、给无聊的老邻居预备好的麻将桌……几年下来，我家车库前的空地成了小区老人打发时光的地方。

我启发小撒从“工匠精神”来看阿伯——看似不起眼、天天重复劳动的修车工作，为什么能做得那么敬业呢？如果用这种精神面对每天枯燥的刷题，从中找到自我突破的乐趣，那不是一件大好事吗？小撒一直跟阿伯关系很好，没事就帮忙打下手，他仔细思考起这个问题。

第二个工匠在我们小区门口的商业广场。有一次，我带小撒去买鞋。我看中的那双鞋货架上没有尺码，得去仓库里拿。店员正准备去仓库时，有一个姑娘经过我们身边，见状停下脚步。从她们简短的对话中，我们知道这位姑娘也是店员之一，当时她已经脱掉了工作服，刚交接完工作准备下班。看到店里人很多，她自告奋勇说：“我去拿。”

她用了10分钟把鞋拿给了我，然后才和在店门口等她的男友（或老公）离去。为什么这些年来我一直都在这家店买鞋呢？因为人的感情是与品牌挂钩的，我们所接收到的优质服务会让我们对一家店产生信任感。遇到这种具有工匠精神的店员，顾客怎么会不喜欢这个品牌呢。

还有一次，我跟小撒到一个品牌专卖店买裤子。前面一位顾客刚刚离开，一位妆容精致的店员一边收拾衣服，一边面带嘲讽地对她的同事说：“这人被价钱吓跑了！”她毫无避讳地当着我和儿子的面这样讲话，而她的同事默然无语。

我说：“这个品牌的店长太草率了，竟然招这样的店员，这是砸自己的招牌。”小撒也感慨地说：“一个店员以为自己卖高档货，就自诩高人一等，瞧不起人，这是最差的店员！”我们两个人一起讨论：这种店员其实比比皆是，当他人不合自己的心意时，就贬低、羞辱他人，以获得病态的快感。而那些让我们佩服又欣赏的人，多半像第一种店员那样敬业——最简单的事，她都能做得比别人出色。

对工作与学习负责，这是工匠的原则。其所作所为会触动对方内心深处被尊重的需求。即便是修车、卖鞋这类小事，在“工匠”们眼里，也能变得像恋爱一样新鲜美妙。

虽然这些人不是领导者，但这种凡事要做到最好的“工匠精神”恰恰是领导者需要具备的责任感。

随着年龄的增长，小撒渐渐意识到当自己埋头于一道难题时，心灵反而会安静下来。做一个勤学好问的孩子，不是为了单纯地跟同学竞争，而是自己跟自己较量。就看同样的卷子，我的错误率会不会降低，我的完成时间会不会提高。当小撒专注于学业本身时，就不会受到外界的影响。努力发现乐趣，自我超越的乐趣就会降临。

我们要培养有领导力的孩子，最重要的就是要让他自我激励，自我完善，自我负责。生活处处皆学问，帮助孩子发现身边的工匠，找到“三人行必有我师”的快乐吧！

你的孩子也是小"草莓"吗

按常理，孩子应该越长大越刚强、越受挫越勇敢。然而，不少父母却认为随着生活条件的改善，孩子不必再经历适度匮乏与延迟满足。很多父母的育儿方式如同在温室里养花，舍不得让孩子受一点儿风雨，吃一点儿苦头。种种因素导致刚强勇敢的孩子越来越少，娇生惯养的"金枝玉叶"越来越多。"脆弱的玻璃心""骂不得碰不得""缺乏独立性""容易抑郁和焦虑"等现象越来越普遍，这既是家庭教育问题，也是社会文化问题，需要引起更多父母的关注。

在《别以爱的名义对孩子让步》一书中，作者提到，很多孩子被娇惯得像"草莓"一样：外表光鲜，却碰不得、说不得、受不得挫折。作者认为，从小被溺爱、放任，养成懒惰、依赖、说谎、自私、任性等坏习惯的孩子，习惯了我行我素、得过且过，凡事自己说了算。他们常常认为父母不对他提什么条件、没什么要求就是爱他，否则就是跟他过不去……

很多父母则认为，应该发现甚至是放大孩子的特长和闪光点，于是尽心培养和挖掘孩子的潜能和好习惯。但是，在他们不遗余力做加法的同时，却忘记了养育孩子还需有减法。殊不知，让孩子克服一个坏习惯，无疑是从另一个角度帮助孩子培养一个好习惯。以爱为名护短或讳疾忌医，不是爱孩子，而是摧毁孩子成长的动力。

脆弱的孩子有一个显著的特点：思维狭隘，对已经发生的事情或别人的错误耿耿于怀，无论别人怎么劝说，就是想不开。这除了与孩子本身的性格内向敏感有关之外，还与很多父母怕孩子受伤害、想不开，在孩子默默垂泪或抱怨连连时给予过度的关注、解释与帮助有关。结果，孩子们变得看起来光鲜可爱、充满活力，很有个性。可是，一旦遇到小挫折，内心就像“草莓”被挤压那样，瞬间倒下，整个人不堪一击。

一位家长反思自己的女儿为什么会有“公主病”时说：“我小时候家境困难，长大后内心一直有自卑感。我在大城市辛苦打拼，一心只为女儿创造更好的生活环境。人都说女儿要富养，看到粉团一样娇嫩可爱的女儿，我挂在嘴边的话往往是：‘别人有，咱也不能缺！’我无法忍受女儿对人家有一丝一毫的羡慕，只要她说：‘某某有什么’，我立刻让妻子买。在我们家，女儿有成堆的洋娃娃，没穿几次就丢的衣服，几乎没弹几次的进口钢琴。

“我还见不得女儿哭，她一哭我就抓心挠肺般难受。所以，我一直抱着她上幼儿园，从小班抱到大班。结果，她养成了一下车就要人抱的习惯。对于幼儿园的体育锻炼也是找各种理由逃避。家里的老人也是保护孙女回避一切的危险与挫折。她与小朋友发生矛盾时，奶奶总将她抱开，还教

她：‘以后不跟他（她）玩！’

“现在，很多兴趣班动不动就给小朋友们颁发各种奖励。女儿不需要付出太多努力就被封为‘拉丁舞小公主’‘画画小天才’。这些称号让女儿自我感觉良好。在这些‘光环’的作用下，她变得越来越自恋。如果幼儿园老师指出她的缺点，她就哭哭啼啼。”

教育家苏霍姆林斯基告诉父母们：**“每一瞬间，你看到孩子也就看到了自己，你教育孩子，也就是教育自己，并检验自己的人格。当父母对了，孩子自然就对了。”**

这位父母向我咨询该如何帮助女儿变得刚强，我说根源在于父母的理念。要治“公主病”和“草莓病”，必须从父母的心理健康入手——父母要直面自己幼年时的自卑感，不要用娇惯孩子的方式来弥补自己的欠缺感与匮乏感。父母还要放下“面子工程”，不给孩子过多不切实际的赞美与夸奖。

这位家长渐渐学着给女儿立规矩：比如，不再抱她上学、让她自己收拾书包、不在她哭的时候盲目妥协等。同时，在兴趣班的选择上也做了精简。其实，如果孩子被太多的兴趣课程、活动机会、各种资源包围着，反而会失去专注与毅力。父母在心理上学习“断、舍、离”，孩子才能不浮躁、不娇气。

我还建议他借鉴欧美国家教育同龄孩子的经验，在实际生活中锻炼孩子的独立性与能动性。比如，《7岁德国孩子的能力》这篇文章提到，德国小孩可以做到如下事情：

单独修理一件东西；

修补破损图书；

给玩具安装螺丝钉；

整理物品；

分门别类地使用纸箱、塑料袋、抽屉；

研究拉链和门锁；

使用插销和钥匙；

给玩具换电池。

上面这些事情，对很多孩子来说可能不是一件容易的事。为此，父母可以每周抽出半天引导孩子做这些事情，鼓励他尝试使用新的工具。如果孩子遇到了困难，父母不要急于伸出援手，而是正确地引导孩子的受挫情绪，让孩子接受失败，并从中吸取经验。这些具体的实际操作，是培养孩子刚强坚韧的最佳方法。

孩子要想刚强，就必定要经历挫折的历练。作为父母，要舍得让孩子经历风吹雨打、挫折失败。父母若是能将生活中的小活动、小训练、小纠结变成孩子受挫、学习、进步的机会，那么，一定能培养出刚强坚毅、不屈不挠的小领袖。

想管事儿，先要学会接纳与自己不一样的人

在《盖茨是这样培养的》一书中，老盖茨告诉天下的父母们：开放性的心态决定了孩子未来的发展空间。诸多缔造成功的美德，皆依托于“开放性心态”这一根基。**具备开放性的思维和胸怀，是培养孩子领导力的关键**。然而，孩子到了青春期，难免会不够包容与大度，而表现得十分傲慢。

小撒读4年级的时候，老师打电话给我，说一个文弱内向的男生被小撒言语欺凌，在厕所里哭了整整两节课。我回家后立即向小撒了解情况，他满不在乎地说：“那个男生缺少男子汉气概，上学还喷香水……我就说了他一句，他就哭了两节课！”

我严肃地让小撒好好反思，主动跟同学道歉。没想到，他的道歉让对方更受伤。小撒一向都看不惯娇滴滴的男生，与这样的男生在一起，他总是冷嘲热讽，表现得很不礼貌。

我很想直接告诉小撒这番道理。不过，孩子进入青春期之后，不喜欢

听大人的说教。屡败屡战中，我总结出一条真理：越是命令孩子去做的事情，反弹就越大。

于是，我想换一种思路——让小撒给表弟做导师。小撒对这个嗲声嗲气的表弟一直很嫌弃，不愿意带他玩。每次大家庭聚在一起的时候，我们都哄他带着表弟玩。没一会儿，不是表弟受伤了，就是他大发脾气。

我问小撒："表弟的问题大家都看在眼里。你能不能提一些建设性的意见呢？明天开始，你带表弟玩的时候，能不能不要责备他，而是做些什么让他更有男子汉气概呢？"

我的"巧言令色"让小撒心花怒放，他当即同意了我的提议。春节假期，他带着表弟去附近公园坐海盗船。他像个野兽一样喊出了自己的愉悦，表弟则是一脸惊慌失色的表情。

在几天的团聚中，小撒跟表弟两个人都不开心。我引导他反思：这种"霸王硬上弓"的做法能不能培养男子汉气概？小撒承认："不行。"

在我的建议下，小撒又开始尝试其他"招术"。在我们家，我会在暑假时给小撒两千块钱由他自由支配，让他像真正的男子汉一样负责安排好家里一个月的开支，并且每天都要记好流水账。而我和爱人则扮演"伸手要钱"的角色。小撒当家后，知道了柴米油盐有多贵，也意识到每天都会有源源不断的开支。

后来，我们将这一招放在表弟身上，让他对"责任感"有了更深刻的理解。有一次，全家人一起去看电影，我们让小表弟订票、买零食、搀扶爷爷奶奶。表弟深刻地体会到“当家做主”的感觉。当电影中出现一些恐怖镜头时，他不再像从前那样躲在妈妈怀里，而是拉着奶奶的手，安慰她不要害怕。

看到这招管用了，小撒也特别开心。他还建议姑姑给表弟报一个攀岩兴趣班，这样，当他周末有空的时候，就能陪着表弟一起攀岩了。

看到表弟的进步，小撒意识到表弟只是太内向，太依赖妈妈，于是，他就带表弟参加自己和“哥儿们”的活动。这样的经历多了，表弟也能迎难而上挑战自己的极限，举手投足之间也没那么娇气了。

在与表弟磨合的过程中，小撒对如何成为一个有领导力的人越来越有自己的认识和理解。正如罗素的那句名言：“参差多态，才是幸福的本源。”

一次，我们全家人外出旅游。当小撒正心急火燎地翻包找身份证时，表弟笑嘻嘻地递给他落在宾馆里的身份证。当类似的事情发生得多了，小撒不得不承认，表弟其实也有自己的优点。虽然表弟看起来柔弱、敏感，但是他和同学们相处时，却能主动承担责任，从不逃避。

就连小撒自己也不得不承认：“跟我比起来，表弟更有同情心，做事有始有终，关键时刻也很有担当。而我做事经常虎头蛇尾。”

对此，美国的教育心理学家迈克尔·珀尔有一个绝妙的比喻，我也讲给小撒听：

每个家庭都是一艘船，海面上还有很多这样的船。每到一个港口，孩子们就聚在一起，互换信息。年幼的孩子总想知道身边的这些船会驶向何方，他们喜欢新鲜事物……但恐惧和缺乏安全感又使他们止步于围栏边。然而，有一天，当这些孩子觉得自己已经能够在大海里游泳了，可以冒险离船，便会搭上另一艘路过的船。于是，他们会结识与自己不一样的朋友，到更有趣的地方……

我告诉小撒："很多你看来女性化的孩子，是因为他们出生在跟你完全不同的家庭环境。在原生家庭的这条船上，他看不到男子汉的榜样，所以在这些孩子的身上就会有女性柔弱、脆弱的一面。如果我们的社会更加宽容、更加自由，那么这些孩子长大后就可以登上不同的船，彼此取长补短，那才是幸福美好的图景。"

我还跟他说："领导力，就是教我们接纳与自己的性格完全不同的人。就像一艘远航的船一样，船长最看重的是安全、准时地抵达目的地。"

后来，我发现虽然小撒没有说自己错，但是行动已有所改变。首先，在他的生日聚会上请了那位被他说哭的男同学，这也算是一种道歉吧。虽然他还是没办法接受这样的同学，但是至少在话语上对人家尊重了很多。

我一直觉得，**培养孩子的领导力，其实就是培养他们做一个"大写的人"——大度、大气、大方、大胸怀、大视野，这样的孩子长大后才会拥有广阔而精彩的人生。**

第九课

父母要为孩子
建一道隐形的保护墙

“孩子在同龄人圈子中是否需要保护”？这是父母们非常关心的话题。孩子能接纳自己、具有界限感、拥有洞察力，具有团结并影响小伙伴的领导力，除了性格因素之外，与父母的教育也密不可分。

与同龄人交往，是孩子自我发现、自我体认，并与他人的界限与需求互动的过程。父母应该悄悄观察、暗暗思索，潜移默化地影响孩子，切不可过度保护，让孩子失去成长的机会。

如果我们能够教会孩子以下几种能力（技巧）的话，他们在与同龄人相处的过程中往往会更受欢迎。

修炼共情力，父母要做到 3 点

共情力，是一种理解他人情感并且疏导他人情绪的能力。修炼共情力，父母要理解孩子的感受，同情孩子的处境，与孩子的心产生共鸣。缺乏共情力的父母会让孩子变得独断专行、自以为是。更可悲的是，孩子也会在小朋友中变得不受欢迎。那么，父母该如何做呢？

首先，细细地听，慢慢地说。如果痛苦与委屈一直得不到大人的理解与共鸣，孩子会把自己所有的能量都用来跟负面情绪抗争。他没办法聚焦于亟待解决的问题，只能在自我的海洋中随波逐流。父母倘若懂得共情，理解孩子的挫败感与委屈感，他就能很快地从负面情绪中获得释放，发现自己同时还具有应对难题与挫折的潜力。

孩子们之间发生矛盾的时候，即使父母看出谁是“攻击者”，谁是“受害者”，也要让孩子们各自说一说，先不直接下结论。父母在听的过程中，可以不断重复孩子的话，比如，“于是，你很生哥哥的气”“你觉得妹妹冤枉你了”“你很愤怒，想揍弟弟”……这种回应会让孩子觉得自己的情绪得到共鸣。在这种平和、公正的环境下，双方或多方都会冷静下来，分析争吵的原因，再想办法解决问题。

小撒愤怒地告状说："表弟把我的玩具弄坏了，我讨厌他！"表弟怯怯地站在一边，一声都不敢吭。缺乏共情力的处理方式是："你是大的，要宽容小的。再说，不就是一个玩具吗？给你再买一个不就行了。"很显然，这种处理方式与小撒的愤怒情绪产生不了共鸣，无法让情绪低落的他得到安慰。

我先蹲下来，抱住因生气而发抖的他说："弟弟弄坏了你的玩具，你很生气，对吗？"（先重复他的原话，认可他的情绪。）他答："弟弟老是弄坏我的玩具，说了也不听！"我耐心地问："那要怎么办呢？"（我引导他自己想办法来解决问题。）小撒说："我要把我的玩具都藏起来。"

我尽量用孩子的心态说："嗯，你藏起来他就找不到了。但是，你的房间只有那么大，藏不下你所有的玩具吧？"（我不否定他的想法，继续引导他。）

"那我就把我喜欢的玩具都藏起来。"

"好的。你想得太周到了！那我们写一下要做些什么吧？"（顺着他的思路继续解决问题。）

小撒和我一起坐到写字桌旁，拿出纸笔写道："我心爱的玩具要装在整理箱里。要买一个带扣的整理箱，弟弟打不开的那种。"在接下来的周末，我买好了箱子。他按照制订的计划整理好玩具。

培养共情力的核心内容，就是不批评、不强权、不用大人的腔调和孩

子说话。父母帮助孩子先获得情感上的共鸣，再认清存在的问题，最终让孩子自己去思考，父母帮忙优化孩子所提出的解决问题的方案。如果孩子是方案的制定者，他才会把方案坚持下去。父母对孩子进行共情，孩子也会对其他小伙伴进行共情。

其次，只论对错，不看大小。得到关注，与父母共情，是每一个孩子的共同需求。“长幼有序”的秩序要就事论事，不给任何一个孩子“因为我小，大家必须让着我”的优越感。当弟弟妹妹激怒、挑衅了老大，我们要允许老大合理地反击与维权。

值得推荐的做法是四步法（表达同情、发现问题、理清情绪、找到方案）。父母以建设性的态度，平和且耐心地召开家庭会议，也能解决孩子们之间的“敌对”。有时候，孩子们的认知不同，对同一个问题肯定会有完全不同的立场，从而产生不同的观点。

父母要引导孩子就各自不同的观点进行辩论，而不是进行人身攻击。我们可以鼓励孩子们发挥创造性思维，写下自己的计划，我们要启发孩子说：“每个人都想一个方法，看看哪一种是大家都能接受的。”

有一天，奶奶带着两个孩子去买菜。在豆腐摊前，表弟趁着奶奶和摊主称豆腐付钱的时候，用手指不停地戳着眼前的豆腐，一下，两下，三下……一块豆腐瞬间变成了“蜂窝煤”。奶奶看到后一巴掌打在表弟手上，大声呵斥道：“叫你瞎摸！”那一巴掌有些重，表弟用幽怨的眼神看着小撒。小撒抚摸了一下表弟的头，然后对他说：“豆腐是用来吃的，不是用来戳的。”小撒的语气很温柔，原本委屈得想大哭一场的表弟克制住了。

对表弟做出善意的提醒后，他又对奶奶说：“奶奶，您不能这样打人！”这一刻，奶奶也反省了自己：自己的一巴掌看似对孩子严加管教，其实是她自己有点恼怒，所以用了简单粗暴的方式来惩罚孩子。小撒跟奶奶说：“表弟也许是因为好奇才伸手去戳的。如果我是您，我就买下那块被弄坏的豆腐，让表弟戳个够。”

这个建议得到了表弟的高度共鸣。于是，两个人再三央求奶奶买下那块豆腐，并保证给奶奶捶背来作为交换。奶奶给两个孩子买了一个玩具作为奖赏——孩子越来越懂事，她也觉得很开心。

因为我们一直用共情力对待小撒，所以他也如此对待身边的人，化尴尬的情境为多赢的局面。表弟虽然小，但是表哥的榜样力量却帮他看到一个擅长整理情绪、解决问题的孩子是什么样子的。

在儿童社交中，父母不是直接参与者，而是裁判员与教练员。我们要公平、理智地跟每个孩子共情、共鸣、共同成长——**接纳孩子的感情，尊重孩子的内心世界，启发孩子开动脑筋想办法，把麻烦的事情变成让他们成长的机会。**

再次，要心存谦卑，勇于道歉，但是不可以失去原则变成受气包。“三人行，必有我师焉”，是一种谦卑的态度。心高气傲的父母在家庭教育中，要么茫然失措，要么自以为是。为什么很难与孩子共情呢？因为我们失去了童趣，无时无刻都想掌控孩子的生活，评判与裁决孩子的行为与人格。

如果父母无法做到共情与共鸣，误解与伤害就随时随地在发生。

所有的大人都经历过孩提时代。父母不是圣人，不是超人，会有认识上的误区，会有情绪难以自控的时候。如果我们做错了，就大声地、刻不容缓地把“对不起”说出来。

再举个例子：在2015年版电影《灰姑娘》中，灰姑娘的母亲在给女儿的遗言中写道，“保持勇气，善待他人”。引申到家庭教育，就是说，当孩子无缘无故地被排斥时，父母要教他们保持自己的风度，既不向愤怒投降，也不刻意讨好别人。同时，教孩子学会自我鼓励：“这不是我的错。”“大家很快会邀请我的。”

在成长过程中，父母越会共情，孩子就越敢于坚持自己的个性。内心强大的孩子能够保持平衡的情绪，不失去做人的原则。而内心脆弱的孩子，要么表现得唯唯诺诺、胆小怕生；要么极度叛逆，以调皮捣蛋来寻求关注。

可以说，要想让孩子的心灵茁壮成长，就要给予他们足够的安全感，教他们释放不安的情绪，学会自我激励、自我安慰、自我调适。为此，父母要读懂孩子的内心、了解孩子的需求、清楚孩子的天赋与特长，不断鼓励和支持他们。当然，我们也要给孩子立规矩、定界限，但是这一切都应建立在爱与安全感之上。

洞察力强的孩子，背后站着有远见的父母

著名诗人纪伯伦在《你的孩子其实不是你的孩子》一诗中写到：

你的儿女，其实不是你的儿女。
他们在你身旁，却并不属于你。
你可以给予他们的是你的爱，却不是你的想法，
因为他们有自己的思想。
你可以庇护的是他们的身体，却不是他们的灵魂，
因为他们的灵魂属于明天，属于你做梦也无法到达的明天……
你是弓，儿女是从你那里射出的箭。
弓箭手望着未来之路上的箭靶，
他用尽力气将你拉开，使他的箭射得又快又远。

这首诗把孩子比作“箭”，优秀的父母则是眺望着未来之路的“弓箭手”。父母的远见卓识与洞察力可以帮助儿女飞得又快又远。我们

常说父母们要自我成长，就要先培养自己具备透过现象看本质的洞察力。父母的眼光决定孩子的高度，愿每个孩子都能够“站在巨人的肩膀上”。

洞察力强的孩子，从小就“识人有术”，他会主动选择良师益友，避开品格不良或是性格怪异的朋友。当遇到危险的时候，洞察力强的孩子会及时躲避，自我保护。

作为父母，要以身作则地向孩子展示何为洞察力，为此，在日常生活中需要注意以下两个方面：首先，以辩证的眼光，读懂孩子行为模式之下的“冰山”。根据心理学的“冰山理论”，我们看到的只是孩子的行为。更大一部分的内在世界却藏在深处，不为人所见——那就是孩子的“应对方式、感受、观点、期待、渴望、自我”六个层次。父母用辩证的眼光看待孩子时，就能逐渐揭开冰山的秘密，看到他（她）生命中的渴望、期待、观点和感受，认识他（她）真正的自我。

比如，有些孩子容易跟人发生肢体冲突。父母应该思考孩子好斗的根本原因：孩子是不会表达自己的情绪和需求？是缺乏安全感？缺乏自信心？对别人的言行过度敏感？还是因为嫉妒大人对小伙伴的关注与赞美？……父母不妨使用“排除法”，一项项地尝试去帮助孩子，并且对这个过程进行监测和反思。

比如，有些孩子喜欢吹嘘自己家住别墅、有豪车。可能是因为这些孩子的小伙伴们经济条件好，从而产生了自卑心理。遇到类似的情况，父母不要轻易下结论说孩子“爱慕虚荣”“小骗子”；而是应该心平气和地和孩子沟通，认可孩子的心理落差，告诉他正确的做法。比如，“妈妈知道你很想住在大房子里，但是爸爸妈妈还在为此努力。你也要好好学习，将来赚钱自己买。其实，车子房子并不影响你们的友谊，诚实的孩子大家才会真正喜欢。”

这样的沟通可以让孩子感受到被接纳和尊重。父母应把握机会，传递正确的价值观，让孩子知道勤劳打拼的父母一直在努力为他们提供最好的条件，这并不是一件可耻的事情。

再比如，有些孩子因为受批评而特别讨厌某个老师，父母要意识到孩子怕丢脸的这种心理，可以用同理心来询问：“你觉得在同学面前，被老师批评丢了面子、伤了自尊，是不是？”再启发孩子说：“人不能没有自尊心，但自尊要摆在正确的位置上，学习过程中犯错被老师批评并不耻辱。”父母要引导孩子认识到不把师长的批评当耻辱，而是把它当作进步的台阶。

其次，以发展的眼光，教孩子在困境时自信，在顺境时自省。没有洞察力的父母易安于现状，按部就班地重复身边人的固定的教育方式；具有洞察力的父母会带孩子看自己看不到的风景，他传递给孩子的是一种积极的思维方式，让孩子能够跳出当下，站得更高，看得更远。

孩子们都容易在遇到困难时沮丧退缩，在取得优异表现后骄傲自满。具有洞察力的父母能够做到“不以物喜，不以己悲”，并将这种能力传递给孩子。

当孩子自卑或自傲的时候，父母要帮助孩子分析这些情绪产生的原因，让他们了解这些情绪的产生是很正常的。父母给孩子指出更长远的愿景，引导孩子接纳真实的自己，看清自我成长的方向。同样，当孩子骄傲自满的时候，父母要创造更多的挑战，让孩子看到“山外有山，人外有人”，帮助孩子由内而外地散发出无限的斗志与潜能。

复杂的商业规则和孩子的成长规律在本质上是相通的——投资人要时刻保持一颗谦卑的心，谨慎且理性地对待变化。成功的父母跟成功的投资人一样，要拥有强大的自我认知，不让外在环境或负面情绪影响自己的判断力。

再次，培养孩子跨越小家庭，更加深入地接触社会的各个层面。我们家有一个“跨家庭联谊”的传统。小时候，父亲常邀请朋友们携家属来玩。当父亲们在书房讨论学问时，母亲们就带着孩子们表演节目。这种跨家庭的联谊让我从“一个延伸型的大家庭”中感受到关爱，也培养了我和小朋友们深厚的友谊。

结婚后，我们积极参与社会活动，常常组织聚会。在集体互动中，爸爸们相约去钓鱼、爬山或讨论事情，妈妈们就聚在一起照顾孩子们。妈妈们约定：用高标准、严要求对待每一个孩子，如果有任何一个孩子在任何一个妈妈面前出言不逊，他很快就会得到纠正。

我们会借鉴真人秀《爸爸去哪了》中的玩法。比如“交换爸爸”“换妈妈学做菜”等游戏，让小撒在安全的情况下跟别的父母互动。这样既能培养儿子的独立性，又能让他体会不同父母的做事方式。事后，我们让他讲讲从“新爸爸”“新妈妈”身上发现了什么优点，并给新的家人写（画）一张感谢的卡片。

有一次，我和丈夫发生口角。儿子在旁边说：“如果是Joel的爸爸，他一定会说‘请老婆大人恕罪’！”在儿子的鼓励下，我爱人也效法Joel的爸爸，真诚地跟我道歉。儿子通过近距离观察Joel一家的生活，学会了处理矛盾的不同方法。

我们还经常带孩子去老人院、孤儿院表演节目，如果是坐火车出行，我们会选择普通硬座，让小撒在车厢里看到世间百态。这些行为会引导孩子明白，家庭不只是“一家三口”，还包括有血亲关系的家属、寄宿家庭，以及与我们有特殊感情纽带联系的人。渐渐地，小撒也会明白，世界上的人有贫穷与富贵，也有不同的文化层次。

我们还教他认识到：一个人的行为是多维度的表现，仿佛冰山一角。具有洞察力的人能够看到水面以下的部分——分析出某种行为的根本原因，从而不被表象所迷惑；缺乏洞察力的人则聚焦于当下，总是追究问题的表象，在做决定的时候，也常常是瞻前顾后、纠结无比。

此外，我们还一直教育小撒：**社交场合中，最具破坏力的词语是“我的”**。作为一个男子汉，就要有宽广的心胸、开阔的视野和奉献的精神。当他说“某某东西是我的！”“我如何如何”时，我们就引导他思考：

“某某东西是你自己赚钱买的吗？你是不是应该对送你礼物的人说谢谢呢……”这样的引导与思考多了，儿子很少说“我的”，而是常常说“我们的”。我们很欣慰他能站在团队的角度，为大多数人考虑。

幽默感强的孩子，到哪儿都受欢迎

儿童心理学家发现：幽默的孩子在同龄人的圈子里往往是最受欢迎的。幽默的孩子的背后都会有一对幽默的父母。**幽默感，是一种稀缺、美好，是能够保护孩子的“隐形保护墙”。**

在旅游时，我曾见过一个三四岁的美国小孩在公厕里发飙。他的妈妈从容地在一旁补妆，丝毫不理睬孩子满地打滚、号啕大哭。为了让路人不要“多管闲事”，她在孩子身旁放了一张纸条，上面写着：“危险，情绪修复中，请勿靠近！”路人们会心一笑，轻轻走开，相信这位坚定而幽默的母亲可以掌握局面。

成为母亲之后，我努力学习老外妈妈的幽默感。小撒在学龄前，各种顽皮捣蛋。这时候，老公是“严父”，给他立界限、定规矩；我是“慈母”，幽默愉快地与他“过招”。结果，在我们家，小撒更愿意接受我的方法。比如，睡前无理取闹，拖延关灯时间。老公的高压政策失效后，我故意清清嗓子，用标准的普通话模仿空乘说：“小朋友们，飞机即将在五分钟内降落，希望你们结束手中的工作，携带好随身物品，准备着陆……”

小撒愣了一下，心领神会。在笑声中，我给他示范如何“着陆”到床上，小撒很快便摆脱了焦躁、反抗的情绪，快乐地入睡了。

小撒常挑战老公的“极限”。虽然责骂能奏效一时，但小撒常常是好了伤疤忘了疼，不断搬出激怒大人的“新玩法”。看到老公发脾气屡屡失效，我琢磨着用“幽默的想象力”和他过招。

一次，我被他气得火冒三丈，但转念一想，还是努力控制住情绪，做了一个深呼吸，并举起一张白纸做投降状，表情痛苦地问他：“可以退货吗？我想把你送回配送站去。”然后，我去阳台找个纸箱，准备把他“打包”……看到我煞有介事的样子，小撒一边笑，一边停下破坏行动，关注起我来。

在讨论了“箱子是否合适？运费多少？收件人写谁……”之后，小撒竟然变乖了。显然，他得到了“求关注”的效果，就不再胡闹了。看到这招管用，每当他胡搅蛮缠时，我都如法炮制。有时候，我假装焦急地找东西，问他：“听话的小撒去哪里了？我们一起找好不好。倒计时10秒，让他重新现身吧！”

一天，小撒把奶昔糊在地毯上玩，这样的事情我之前已经提醒过多次，但还是时有发生。我当即火冒三丈，想狠狠地揍他一顿。在发飙前，我想到了美剧《蜜月伴侣》的男主人公——每当太太惹他时，他就握紧拳头砸向自己的另一只手心，恶狠狠地说：“我要把你打飞到月球上去！”于是，我冲到小撒面前，做出相同的动作，生气地说：“我要把你打飞到月球上去！”

小撒一听就笑了。显然，他知道我很生气，就主动帮我清洁地毯。不久之后，小撒对激怒自己的小朋友也做出了相同的动作。从父母的行为中，他知道了要克制自己，并用幽默感给负面情绪“解压”。

当然，幽默不代表纵容。当小撒犯错（比如偷玩具、打人等）时，我支持他爸的严格管教。但是，对细枝末节的生活琐事，幽默是最奏效的办法。比如，小撒学一些新规矩时，常常会失败。鉴于他的记忆力还没到那个程度，我就用幽默的方式来提醒。

一天，小撒忘了收玩具（大多数情况下他会收好）。我说：“巴布工程师（他喜欢的卡通人物）告诉我，等你再大一点儿，就会记着在睡觉前把玩具收好。”小撒一听，乐呵呵地笑了起来，并主动收好玩具，自豪地说：“稻草人小斯说，我已经长大了。”我发现，这种方法屡试不爽，请一个卡通人物来“提醒”孩子，比父母的喋喋不休好多了。

“幽默”，对父母来说还意味着放下成人的架子，理解孩子的不成熟，并且重拾童真，用孩子的语言进行彼此之间的对话。比如，在一次出游途中，小撒指着一个黑乎乎的山洞感慨：“我知道夜晚把自己藏在哪里了，妈妈，就是这儿。”面对他这种“石破天惊”的伟大发现，我不知如何回答。于是，我模仿他说：“怪不得，春天来了，冬天就不见了，原来也藏在这里啊！”接着，我们母子俩在这个山洞前照相，并给它起名为“黑夜寒冬洞”！

还有一次，小撒问我：“你知道星星是怎么来的吗？太阳不要的东西就变成月亮，月亮不要的东西就变成星星。”我被他的话语逗乐了，小孩子的思考不具备任何概念化的程度，他认为所有事情都处于一个平面上。小撒曾问我：“我吃了法国大餐之后是不是会变成法国人？”我回答说：“宝宝，妈妈喜欢吃意大利面。我是意大利人吗？”

一次午休前，小撒说：“妈妈，白天太亮了。你能把太阳关掉吗？”我“扑哧”笑了。于是，我套用他的逻辑，幽默地说：“好的，不过我要先找找开关。”我以为小撒会继续追问，没想到他竟心满意足地睡着了。

我意识到小撒在发问时，心中早已经有了答案。我只要幽默地将问题抛回给他，多问几个“你觉得呢？”“你说为什么呢？”他就自问自答，向我表达他奇妙的宇宙观。掌握了这个儿童心理学的“钥匙”之后，很多问题就都变得容易了。比如最让人操心的穿衣问题：与大多数小孩一样，小撒喜欢在冷天穿很少的衣服。我在出门前带他站在阳台上，让他观察路人的穿着，小撒留意观察呼呼作响的风声，最终承认自己穿少了。

类似的问题，我都尽量站在孩子的角度去看待，然后引导他理解。每当我想“碎碎念”或“发脾气”时，总会提醒自己想想“学龄期孩子眼中的世界”。然后，我就用诙谐的语气、诗意的语言和无穷无尽的耐心给他设一个“套”，引他往里面钻。当然，这样的幽默需要不断地自我修炼，多看书、少发火，保持对生命的热情。

漫画家朱德庸说：“生活很不容易，只要还笑得出来，你就赢了。”这句话对现今父母真的是非常适用。中国文化向来缺失“长者的风趣”，会将“幽默”等同为“没大没小、失去权威”。于是，我们对孩子不是溺爱骄纵，就是贬损责骂。看不到“用笑声化解怒气，用幽默缓和关系”的好榜样，孩子们也变得情绪化、呆板无趣，丧失安全感与幸福感。

有人说：“无趣”是万恶之根，也是教育之死敌。的确，那些爱笑、会逗笑、拥有童心的父母，更容易培养出高情商、乐观积极的孩子；而不少中国父母之所以活得累、教得苦、管得无效，正是因为失去了轻松驾驭家庭氛围的能力。如果我们能从孩子小时候就培养自己的幽默感，将“笑点”与孩子对齐，营建“亲子笑声时间”，那么我们就能拥有活泼健康的亲子关系，并在寓教于乐中获得管教的最佳效果。

幽默感的培养可以从“懂幽默，被逗笑”开始。脱口秀、漫画书、幽默杂志、相声小品……无论哪种媒介，我们在接收的过程中，需要揣摩体悟、捕捉笑点、挖掘精华并恰当地传播和应用。夫妻之间可以有“逗你笑”的活动，亲子之间的“睡前故事”也可加入“睡前笑话”等内容。

事实上，幽默是一剂良药，能疗治亲子关系，教会孩子笑面人生。所以，我们要学做幽默的父母，在“管”与“教”之间找到平衡点——“管”孩子时，我们要严肃地设立界限、批评归正；“教”孩子时，我们要避免教条主义，尽量寓教于乐，带动孩子在欢笑中进步。

规避误区，培养孩子的自信心

在《让孩子自信地过一生》一书中，教育学家詹姆士·杜布森博士提出：假如父母没有在孩子童年时培养他（她）的自信心，把一个不懂得扬长避短的孩子送入同龄人相处的环境中，就等于赤裸裸地敞开他（她）的自尊，任凭外界“宰割”。

家庭本是孩子自信心的庇护所，而最大的伤害往往也是无意间在家庭中造成的。所以，我们要理清在培养孩子自信心方面的误区。

误区一：自信心源自幸福的家庭和漂亮的外表。这个误区的广泛存在让单亲父母认为自己很难培养出自信的孩子，也把很多天生不漂亮的孩子划入“缺乏自信”的行列。美国的教育学家研究了包括丘吉尔、甘地、史怀哲、罗斯福、爱因斯坦、弗洛伊德等在内的400多位杰出人士的家庭背景时发现：其中，3/4的人有不幸福的家庭和不愉快的童年；1/4的人存在身体缺陷，或在童年时有笨口拙舌的现象。这些人之所以能够取得成功，是因为他们懂得用努力来弥补缺陷、获得自信。

孩子的自信心不是源自先天优势，而是源自正确的价值观。营造保护正确价值观（包括审美观）的家庭文化，是父母的责任。父母要审视自己的价值观——我们是否因孩子长得平凡而暗自感到失望？是否因孩子太吵闹或害羞而觉得丢脸？是否经常表达对孩子的接纳与欣赏……

我们要让孩子感到自己的独一无二、无与伦比，帮助孩子找出她（他）的长处，并尽可能发挥出来。

误区二：自信心是夸出来的。在《孩子，把你的手给我》一书中有一个经典的比喻——“称赞，就像青霉素一样，绝不能随意用。使用强效药有一定的标准，需要谨慎小心，标准包括时间和剂量，因为可能会引起过敏反应。”

很多父母习惯用“真棒”“太好了”等笼统的话称赞孩子。这对孩子的自信心的发展没有益处。“你真聪明”“你是天才”等称赞容易让孩子变得自负而非自信。事实上，父母的称赞必须建立在仔细观察的基础上，看重孩子的态度多过于结果。比如，“这幅画的颜色好丰富，刚才画画的时候你很认真……”

再比如，孩子帮忙洗碗时，妈妈与其说“好孩子”，不如说“谢谢你帮我洗碗，我很开心”。有针对性的、具体的表扬可以让孩子知道今后应如何努力。当孩子通过不断努力而获得持续性的感恩与称赞时，自信心才会建立起来。父母也可以用提问的方式让孩子自己说出努力的过程，再不失时机地加以适当的点评与赞美。比如，“老师说你今天弹琴进步很大，你能告诉我是弹的哪一首曲子吗？是不是因为昨天你练习了很久呢……”

误区三：内向的孩子缺乏自信。一直以来，很多父母认为外向孩子看起来更适合社会的节奏，而内向的孩子慎思寡言，反应迟钝。虽然内向的孩子也很有天赋，但往往得不到师长们的重视。久而久之，内向的孩子就会变得自卑敏感、难以出众。

事实上，内向的孩子有很多优点，包括喜欢学习、有同理心、创造力强、情商高、注重细节、善于分析、清楚自己的情绪，愿意花时间去感受周围事物，能跟同伴愉快相处，且值得信赖、有恒心、不爱慕虚荣等。如果父母们仔细观察孩子在以上方面的优势，经常积极肯定和鼓励孩子，就能够帮助他们建立自信心。

举一个例子：小撒占有欲、领导欲很强，脾气有点急，在幼儿园时难免会伤害小朋友。虽然他事后会主动认错，也很愿意助人，但总会失去友谊。当小朋友离他而去，不愿跟他玩时，他缺乏自信地问我："我是不是一个坏孩子？""我为什么不好呢……"

我也是一个爱跟自己较劲的人，常常讨厌自己的脾气。所以，我特别能理解小撒那种控制不住自己，伤害到身边人的懊恼情绪。见他一本正经地自责与忏悔，我顿感无力。

在弗洛伦丝·塞沃斯所著的《怎么才能不吃掉我的朋友》这本书中，这个问题被生动地呈现出来。故事的开头是这样的：

小恐龙为什么哭啊，因为他把所有的朋友都吃到肚子里去了！

虽然他不想这样，可是他每次都忍不住！

小撒一下就被吸引了。处于情感敏感期的他，认为小恐龙的孤独就是自己的痛苦——“忍不住！忍不住！就是忍不住去伤害自己在乎的人！甚至把人家吃下去！”

小老鼠莫罗来跟小恐龙做朋友，他说自己会念口诀，让自己的肉变味，从而不被吃下去！莫罗还打算烤蛋糕给小恐龙吃，让他改掉吃朋友的坏习惯！

可是，蛋糕烤得太慢了，小恐龙等不及，一口把莫罗吞下去了！还好，莫罗念了口诀，让自己变得太难吃，被小恐龙一口吐了出来。

莫罗没生气，反而心平气和地跟小恐龙沟通，他故意延长烤蛋糕的时间，训练小恐龙的耐性……最后，小恐龙被“无条件的接纳”所征服，学做蛋糕，并跟莫罗分享！从那之后，他就再也不吃朋友了！

这个绘本故事直抵达小撒的内心。作者了解人性中“立志行善由得我，只是行出来由不得我”的弱点，他塑造的小老鼠莫罗充满同理心，从来不说教，他发现问题源于小恐龙“肚子饿”和“耐性差”，于是就从源头着手解决。比如，“肚子饿”通过传授蛋糕的技术来解决；“耐性差”需用理性克制、循序渐进的训练来解决……

在这方面，我们真的需要向小老鼠莫罗学习！作为父母，要改变教育方式，控制说教的行为。

当小撒跟小朋友发生冲突时，我会温柔而坚定地把他带回家，抱入一个房间。我语气平和地说："妈妈知道你很想发脾气！但是你要像绘本中的小恐龙一样学习忍耐，安静一会儿后，你才能回到小伙伴中去。"

小撒生气地哭闹时，我就像小老鼠莫罗那样安静地陪着他，即使他又打又撞、说狠话，我也保持克制，丝毫不妥协。

渐渐地，小撒发现无理取闹一点儿都不好玩，任性发飙也不是滋味。他开始调整自己的情绪，学会反思，让自己安静下来，独自玩一会儿玩具……不到半小时，他就能恢复心态，高高兴兴地跟小朋友赔礼道歉。

针对孩子身上形形色色的"缺乏自制和忍耐"的问题，我都如法炮制。例如，限制吃糖、不许懒床、按时睡觉等问题，我都像小老鼠那样——态度坚定、口气柔和、界限清晰、步骤明确，被小撒冲撞时仍然无条件地接纳他。幼儿园的老师也用相同的办法对待他，效果很好。我还引导他看到自己的优点，欣赏自己在歌唱、弹琴等方面的特长。

一段时间后，当他忍不住又做错事，并得到当事人和其他家长的原谅后，会喃喃自语地说："我认错了，爸爸妈妈还是爱我的。"他也渐渐学会接纳身边的人。当小朋友被孤立时，他会主动跟人家玩，还安慰说："你做小恐龙，我做小老鼠莫罗，我会帮助你受欢迎的！"

小撒感受到了接纳，也接纳了自己。他性格上的负面之处也逐渐被润滑、被冲淡。当他进入小学之后，我发现他能发挥出内向性格孩子的很多特长与优势。所以，**建立内向孩子自信心的方法，就是尊重孩子的天性，给孩子恰当的时间和空间，有效地进行陪伴和鼓励。**

游戏力，会玩的孩子不缺朋友

父母都知道要陪孩子玩，建立“亲子地板时间”。然而，对于“玩什么”“怎么玩”“玩要达到何种目的”“在游戏中培养孩子什么能力”，父母们经常感到很困惑。孩子入学后，父母的注意力又会集中在学习成绩上，游戏被当成不务正业，浪费时间。

事实上，游戏既能帮助孩子探索世界，又能帮助他们交到朋友，还能帮助他们养成良好的思维习惯。培养孩子的亲子游戏能力，有助于我们寓教于乐、玩出水平。

首先要培养“提问的能力”。对孩子而言，“提问”是一种有趣的游戏。对父母而言，孩子的问题不合乎逻辑，又显得莫名其妙。父母不要打断孩子，更不要泼冷水，而是要尊重这些问题，鼓励孩子追问出个所以然来。父母要将孩子的问题不断地抛回，让孩子自问自答。**孩子提出的问题越具有开放性，他（她）自己越能给出各种各样的答案，就越能锻炼独立思考与发散思维的能力。**

其次是“信息加工的能力”。我的一位高中同学是一位全职妈妈，她的经历给了我们很多启发。旁观她如何陪娃“做项目”，让我茅塞顿开。

“项目”这个词，原指成年人世界中一本正经的生意或工作。然而，在某些国家的幼儿园和小学中，“项目”是孩子们的日常功课。项目可以大到“一粒种子如何变成苹果派”“垃圾如何处理”“我当总统”，也可以小到“如何冲一杯咖啡”“小客人都来我家”。

父母不但要陪孩子做，还要帮孩子展示。老师曾将发明一台“成长机器”的项目分配给同学们。

这个匪夷所思的“项目”需要发挥全家人的想象力。爸爸用一堆纸箱子做出一台类似哆啦A梦的时空穿越机；妈妈陪孩子去图书馆，查找与增长身高有关的书籍；教孩子用搜索引擎搜索“机器的发明史”等。最后，他们把相关材料打印、塑封、装订成册，作为“成长机的使用说明书”。

项目汇报的那一天，幼儿园像展销会一样。父母们陪着孩子“推销”项目，老师们像采购员一样走来走去，观赏、点评，并不停地下订单。

陪孩子“做项目”就是在帮助孩子搜集信息，加工信息，体验不同的信息是如何联系在一起，再得出自己的结论。我们可借鉴这种玩法，让孩子超越固有的观念看问题，接收并加工多姿多彩的信息。

举例来说：父母可跟孩子玩一个发散性的游戏——“说说看，苹果、袜子、梳子，这三样东西哪样最特殊”。孩子给出自己的看法，并且说明理由；父母给出不一样的看法，说出理由。然后，父母可以鼓励孩子采访爷爷奶奶、同学老师，把大家的看法记录下来。在这个过程中，孩子要采集信息、加工信息、归纳总结，这些都可以用游戏的方式来实现。

再次是“推理和评估的能力”。纽卡斯尔大学的教育专家利兹·希尔斯说：“如果你启发孩子的思考能力，他就懂得了如何以更明智的方式分析、评估和加工信息。”

父母可以在游戏中向孩子展示推理的过程。比如，看动画片看到一半的时候，先暂停，玩“猜猜大结局”的游戏——父母说一说自己猜到的结局是什么，以及为什么这么猜测。在猜和讲的过程中，也锻炼了孩子的推理能力、语言能力和逻辑能力。当大家继续看完这部动画片后，再玩“我做影评家”的游戏——父母评估自己猜的结局与实际结局的异同，并点评一下编剧的高超之处。父母将自己的思考过程作为范本表现给孩子，孩子会一目了然，一学就会。

最后是“解决问题的能力”。如果孩子在游戏中玩得开心尽兴，他们的合作精神与创造力就会表现得淋漓尽致，并且建立自信和自尊。当然，玩游戏就会有失败，当孩子在试错中寻找办法时，父母不要越俎代庖，要让孩子意识到挫败是解决问题的信号，而非失败的信号。英国儿童心理学家琳达·布莱尔说：**“小孩子需要获得挫败的机会，因为这样他们才会开始创造性地思考自己能做的事情。”**

在劳伦斯·科恩《游戏力——会玩儿的父母大智慧》一书中，作者提出“游戏式育儿”的概念，鼓励父母们创造游戏、享受游戏、寓教于乐，以平等的姿态陪孩子玩游戏的能力。倘若我们能以一颗童心寓教于乐，那么孩子会越来越会玩，他不会缺少玩伴儿，也不会被冷落与孤立。

掌握爱的语言，学会好好说话

小撒说话很晚，两岁时还不太会说，但大人讲话时，他经常“捕风捉影”地挑几个字跟着学。有一天，丈夫跟我闹别扭，我嘟囔着：“臭男人！”小撒马上学说：“臭男人！臭男人！”

我赶忙改口说：“宝宝不学这个，妈妈不说脏话！”小撒认真地学：“不说脏挂（话）！”

没多久，饭菜上桌了。老公说：“老婆大人，上座。”小撒也跟着模仿：“老婆大人。”

……

这一幕让我发现：孩子就像一面镜子，反射出父母的处世态度与社交技巧。所以，我们抓住他学话的敏感期一句一句地教他，也在他与小朋友的交往过程中亲身示范。我发现，有几句关键的话能够帮助他更受大家的欢迎。

第一句是：“不着急。”我是一个急脾气，老公常在我火冒三丈时劝我“不着急”。小撒也跟着学：“不着急。”事实上，先暂停一下，再沟通，人的心绪会更易平静，效果也更好。小撒被同龄人抢走玩具时，常常大哭大叫，急得说不出话。我跟他说：“你不要着急，妈妈带你去要玩具。”他努力恢复平静后，我们很有礼貌地跟对方父母说清来龙去脉，问题就解决了。小撒懂得评理不需用哭闹作为武器，要有话好好说。

第二句话是：“这样啊。”我老公颇具同理心，他在倾听别人讲话时，习惯看着对方的眼睛，不断点头回应说：“是这样啊。”小撒受爸爸影响，跟人沟通时也会认真地听、不断回应说：“这样啊。”这让他很受欢迎。很多独生子女是“表演控”和“小话痨”，喜欢会聆听的朋友。即使孤僻寡言的孩子，小撒也能让人家感到受关注。

第三句话是：“我相信。”小撒性格温柔，有点内向。为了不让他成为“受气包”和“老好人”，我们刻意用“我相信”的句式培养他的勇气、自信和原则。比如，“虽然模型有点难，但妈妈相信你能搭好。”“没关系，我相信某某还会成为你好朋友的。”“我相信这件事你错了，你要道歉！”孩子的世界跟成人一样，懂得坚持自己、相信自己的孩子，不仅不会被欺负，还会交到好朋友。

别看只是简单的几句话，但是这些语言背后的思维方式和处事原则却深深地印刻在小撒的性格中。举例来说：小区里，男孩子们喜欢将树枝削光磨滑，充当打狗棍、枪、大马、金箍棒……脏棍子无法带回家，孩子们便将它们藏在树上、灌木丛、公共车库的角落里……保洁人员也不会把它们当作垃圾收走。一个花园里藏着几十根棍子，但孩子们却对自己棍子的手感和分量熟稔在心，一摸便知。

一天，小撒的棍子被人“掉包”了。他猜是13栋的高个子干的，因为在前一天，高个子提出要和他换棍子，被他拒绝了。他还留意到，高个子今天手里玩的棍子跟自己的棍子很相似。当小撒怒气冲冲地要找他“算账”时，我拦住他，先启发他思考几个问题，做到有备而去。

我说：“第一，因为棍子上没写你的名字，如果高个子一口咬定是他的，你们俩岂不是会打起来。所以，咱先不着急，先找到棍子属于你的证据。

第二，假如你是高个子，遇到自己特别喜欢的东西，你会不会偷偷互换？你能不能理解他的感受，用一种比较好的方式表达？

第三，假如高个子耍赖，或者贿赂你、威胁你，你能不能坚持自己的想法？同时也保护自己不吃眼前亏？”

……

思考后，小撒到小区公园找高个子评理。二十分钟后，他高高兴兴地拿回了自己的棍子。原来，他是这么处理的。

第一步，他平静地告诉高个子：“你手里的那根棍子是黑色的，但是手柄的地方是灰的，还有个小洞。不信你看看？”第二步，他对高个子说：“你也许拿错了，如果你喜欢，我可以借你玩一下。但是，这根棍子的确是我的。”

果真，高个子使出“贿赂”和“威胁”等手段。他提出用零食跟小撒交换，还许诺给他一个奥特曼玩具。看到小撒坚决表达要拿回棍子的立场后，他威胁小撒说：“以后我再不跟你玩了。你小心点！”我们在教育中一直强调“只要你做的是对的，你就不用怕别人孤立你。你足够优秀并且富有同情心，就不用向‘小霸王’低头。”

小撒看到他这幅姿态，也强硬地说：“你不跟我玩，会有人跟我玩的。我知道你家住在13栋，我还知道你爸的停车位。我会保护自己！”

最后，高个子无奈地将棍子还给了小撒，小撒可开心了！

这件事情让我感到很欣慰。一个孩子既能彬彬有礼地提出自己的要求，表达同理心，也懂得持守应有的底线和个性，这是他高情商的标志。这样的语言训练和社交技巧，可以帮助孩子在同龄人的圈子里受到欢迎，也不会因“害怕谁”或“讨好谁”而压抑、委屈自己。